国家中等职业教育改革发展示范校建设系列教材

数控加工工艺学

主　编　刘洪波　王　安

副主编　尹　伊　王宝山　曹双宇　苏天波

主　审　余大宁

中国水利水电出版社
www.waterpub.com.cn

内 容 提 要

本书是"国家中等职业教育改革发展示范学校建设计划项目"中央财政支持重点建设"数控技术应用"专业课程改革系列教材之一。全书内容包括 3 个学习情境，7 个学习任务，即轴类零件加工工艺、套类零件加工工艺、盘类零件加工工艺、轴承端盖加工工艺、齿轮泵端盖加工工艺、叉架类零件加工工艺、箱体类零件加工工艺等。

本书既可作为中等职业学校"数控技术应用"专业的教材，也可作为数控加工行业的岗位技术培训教材，同时也可供机械加工相关企业有关技术人员和管理人员自学与参考。

图书在版编目（ＣＩＰ）数据

数控加工工艺学 / 刘洪波，王安主编. -- 北京：
中国水利水电出版社，2014.5
国家中等职业教育改革发展示范校建设系列教材
ISBN 978-7-5170-2006-6

Ⅰ．①数… Ⅱ．①刘… ②王… Ⅲ．①数控机床—加工—中等专业学校—教材 Ⅳ．①TG659

中国版本图书馆CIP数据核字(2014)第096105号

书　名	国家中等职业教育改革发展示范校建设系列教材 **数控加工工艺学**	
作　者	主　编　刘洪波　王安 副主编　尹伊　王宝山　曹双宇　苏天波 主　审　余大宁	
出版发行	中国水利水电出版社 （北京市海淀区玉渊潭南路 1 号 D 座　100038） 网址：www. waterpub. com. cn E - mail：sales@ waterpub. com. cn 电话：（010）68367658（发行部）	
经　售	北京科水图书销售中心（零售） 电话：（010）88383994、63202643、68545874 全国各地新华书店和相关出版物销售网点	
排　版	中国水利水电出版社微机排版中心	
印　刷	北京纪元彩艺印刷有限公司	
规　格	184mm×260mm　16 开本　15 印张　356 千字	
版　次	2014 年 5 月第 1 版　2014 年 5 月第 1 次印刷	
印　数	0001—3000 册	
定　价	**33.00 元**	

凡购买我社图书，如有缺页、倒页、脱页的，本社发行部负责调换

黑龙江省水利水电学校教材编审委员会

本书编审人员

主　　编：刘洪波（黑龙江省水利水电学校）

　　　　　王　安（黑龙江省水利水电学校）

副主编：尹　伊（黑龙江省水利水电学校）

　　　　　王宝山（黑龙江省水利水电学校）

　　　　　曹双宇（黑龙江省水利水电学校）

　　　　　苏天波（黑龙江省水利水电学校）

主　　审：余大宁（山东临沂金星机床有限公司）

前言

本书是"国家中等职业教育改革发展示范学校建设计划项目"中央财政支持重点建设"数控技术应用"专业课程改革系列教材之一。本书根据现代职业教育的理念和培养具有高素质的技能型人才的目标要求，结合生产实践需要，考虑中职学生的年龄结构和知识水平，将知识的实践应用贯穿于技能培养的始终，以能力培养为核心，同时注重知识的系统性和适用性，在教材内容的安排上采取由浅入深、由点到面、由单一到综合的认知顺序，使学生能够掌握生产实践所需的数控工艺知识，达到"简单易学、实用够用"的目的。

本书密切结合毕业生从岗的多样性和转岗的灵活性，既体现本专业所要求应具备的基本知识和基本技能的训练，又考虑到学生知识的拓展及未来的可持续发展，将机械领域涉及的轴类零件、盘类零件、箱体类零件有机结合和安排，注重与生产实际相结合，力求与企业进行无缝对接。通过对本书的学习，使学生具有数控加工工艺的基本知识和基本技能，能够独立完成零件的工艺安排等工作任务，具备进入工厂一线工作的能力。

本书是国家示范性中职学校建设的成果之一，为了保证本书的编写质量，学校成立了编写委员会，主要负责学校教材开发和实施的领导工作，并明确责任到编写小组。编写小组则采取分工合作的方式，制订出详细的编写方案，并做好需求分析、资源分析及教材的编写等工作。参加本书编写的有刘洪波（学习情境1与学习情境2），王安（学习情境3），尹伊（学习情境3的7.2～7.8），王宝山（学习情境3的7.15～7.20），曹双宇（各任务"检查单"），苏天波（各任务"教学反馈单"）。全书由刘洪波统稿、定稿并担任主编。在此，对所有在本书编写过程中给予支持与帮助的同志表示由衷的感谢。

由于编者的水平、经验有限，加之编写时间仓促，书中欠妥之处在所难免，谨请专家和广大读者批评指正。

作　者
2014 年 3 月

目录

学习情境 1

数控车床加工工艺

- **● 学习任务 1　轴类零件加工工艺**
- ● 学习任务 2　套类零件加工工艺
- ● 学习任务 3　盘类零件加工工艺
- ● 学习任务 4　轴承端盖加工工艺

任 务 单

学习情境 1	数控车床加工工艺		
学习任务 1	轴类零件加工工艺	学时	9
布 置 任 务			
学习目标	1. 学会轴类零件的结构工艺性分析方法。 2. 学会轴类零件毛坯种类、制造方法、形状与尺寸的选择原则。 3. 学会轴类零件的定位方法及定位基准选择原则。 4. 学会制订轴类零件加工工艺路线，选择加工方法及确定加工顺序。 5. 能读懂齿轮轴的加工工艺规程。		
任务描述	1. 分析主动齿轮轴（见图 1.1）结构工艺。 图 1.1 主动齿轮轴实体 2. 选择主动齿轮的毛坯和确定定位基准。 3. 拟定主动齿轮轴的加工路线。 4. 识读主动齿轮轴加工工艺规程。 5. 分析从动齿轮轴（见图 1.2）结构工艺。 图 1.2 从动齿轮轴实体 6. 选择从动齿轮轴的毛坯和确定定位基准。 7. 拟定从动齿轮轴的加工路线。 8. 识读从动齿轮轴加工工艺规程。		
对学生的要求	1. 小组讨论齿轮轴的工艺路线方案。 2. 小组完成齿轮轴加工工艺识读工作任务。 3. 学会各种工装的合理使用。 4. 独立进行简单阶梯轴的工艺规程的制订。 5. 参与工艺研讨，汇报齿轮轴加工工艺，接受教师与学生的点评，同时参与评价小组自评与互评。 6. 积极参与小组任务讨论，严禁抄袭，遵守纪律。		
学时安排	资讯 1 学时	计划 0.5 学时	决策 0.5 学时
	实施 6 学时	检查 0.5 学时	评价 0.5 学时

信　息　单

学习情境 1	数控车床加工工艺		
学习任务 1	轴类零件加工工艺	学时	9
序号	信　息　内　容		
1.1	主动齿轮轴零件图及毛坯		

1. 主动齿轮轴零件图（见图 1.3）

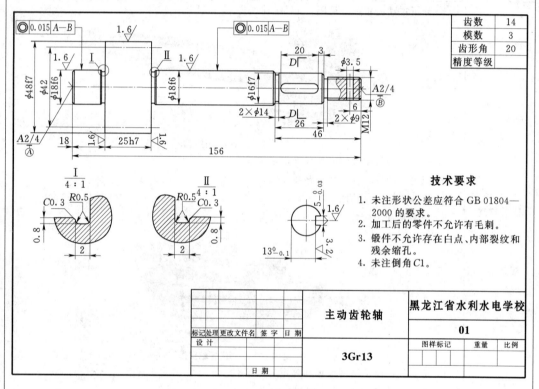

齿数	14
模数	3
齿形角	20
精度等级	

技术要求

1. 未注形状公差应符合 GB 01804—2000 的要求。
2. 加工后的零件不允许有毛刺。
3. 锻件不允许存在白点、内部裂纹和残余缩孔。
4. 未注倒角 C1。

		主动齿轮轴	黑龙江省水利水电学校
标记 处理 更改文件名 签 字 日 期			01
设 计		3Gr13	图样标记　重量　比例
	日 期		

图 1.3　主动齿轮轴零件图

2. 毛坯

材料牌号——3Gr13；

毛坯种类——模锻；

毛坯外形——ϕ50×158。

续表

序号	信 息 内 容
1.2	车端面和钻中心孔

加工工序见图 1.4，工艺过程见表 1.1。

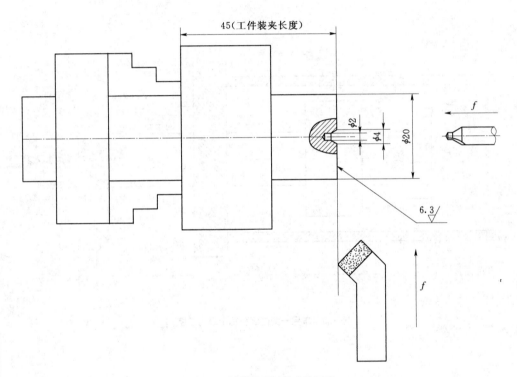

图 1.4　车端面和钻中心孔工序

表 1.1　车端面和钻中心孔工艺过程

工步号	工步名称	工艺装备	主轴转速 /(r·min⁻¹)	进给量 /(mm·min⁻¹)	背吃刀量 /mm	进给次数	单件工时 /min
1	车端面	硬质合金 YW1 45° 外圆车刀	600	120	1	1	1
2	钻中心孔	中心钻（高速钢）	1400	手动均匀进给	1	1	2

序号	信 息 内 容
1.3	车另一侧端面和钻中心孔

加工工序见图1.5，工艺过程见表1.2。

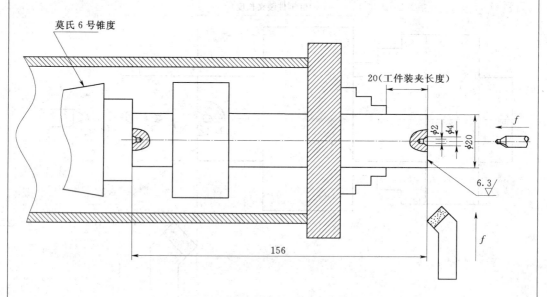

图 1.5　车另一侧端面和钻中心孔工序

表 1.2　车另一侧端面和钻中心孔工艺过程

工步号	工步名称	工艺装备	主轴转速 /(r·min⁻¹)	进给量 /(mm·min⁻¹)	背吃刀量 /mm	进给次数	单件工时 /min
1	车端面保证总长 156±0.1	硬质合金 YW1 45° 外圆车刀	600	120	1	1	1
2	钻中心孔	中心钻（高速钢）	1400	手动均匀进给	1	1	2

序号	信 息 内 容
1.4	粗车一侧外圆

加工工序见图 1.6，工艺过程见表 1.3。

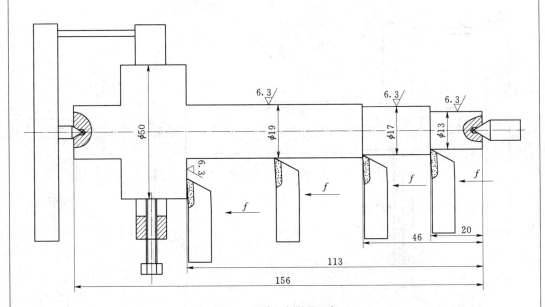

图 1.6 粗车一侧外圆工序

表 1.3 粗车一侧外圆工艺过程

工步号	工步名称	工艺装备	主轴转速 /(r·min^{-1})	进给量 /(mm·min^{-1})	背吃刀量 /mm	进给次数	单件工时 /min
1	粗车外圆 $\phi19\times113$	93°硬质合金外圆粗车刀，前后顶尖和鸡心夹头	800	160	1	1	2
2	粗车外圆 $\phi17\times46$			160	1	1	2
3	粗车外圆 $\phi13\times20$			160	1	1	2

序号	信 息 内 容
1.5	粗车另一侧外圆

加工工序见图 1.7，工艺过程见表 1.4。

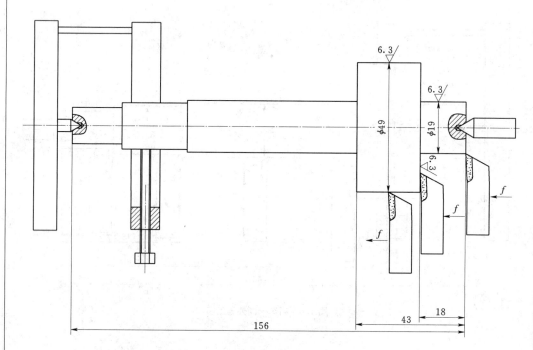

图 1.7　粗车另一侧外圆工序

表 1.4　粗车另一侧外圆工艺过程

工步号	工步名称	工艺装备	主轴转速 /(r·min⁻¹)	进给量 /(mm·min⁻¹)	背吃刀量 /mm	进给次数	单件工时 /min
1	粗车外圆 $\phi49\times43$	93°硬质合金外圆粗车刀，前后顶尖和鸡心夹头	800	160	1	1	2
2	粗车外圆 $\phi19\times18$						

序　号	信　息　内　容
1.6	精车一侧外圆

加工工序见图 1.8，工艺过程见表 1.5。

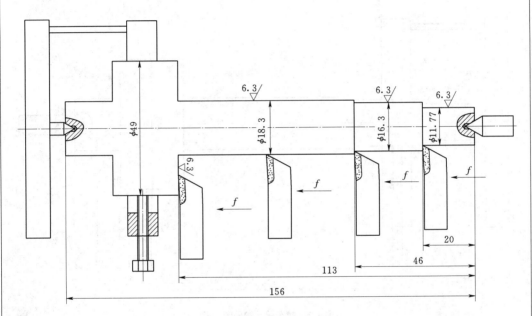

图 1.8　精车一侧外圆工序

表 1.5　精车一侧外圆工艺过程

工步号	工步名称	工艺装备	主轴转速 /(r·min⁻¹)	进给量 /(mm·min⁻¹)	背吃刀量 /mm	进给次数	单件工时 /min
1	精车外圆 φ18.3×113	93°硬质合金外圆精车刀和前后顶尖及鸡心夹头	1000	100	0.7	1	4
2	精车外圆 φ16.3×46						
3	精车外圆 φ11.77×20						

序号	信 息 内 容
1.7	精车另一侧外圆

加工工序见图 1.9，工艺过程见表 1.6。

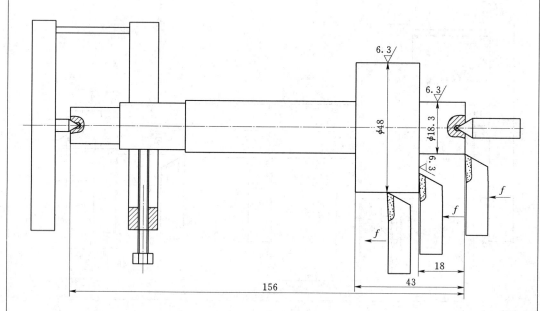

图 1.9　精车另一侧外圆工序

表 1.6　精车另一侧外圆工艺过程

工步号	工步名称	工艺装备	主轴转速 /(r·min⁻¹)	进给量 /(mm·min⁻¹)	背吃刀量 /mm	进给次数	单件工时 /min
1	精车外圆 φ48×13	93°硬质合金外圆精车刀和前后顶尖及鸡心夹头	1000	100	0.5	2	4
2	精车外圆 φ18.3×18			100	0.70	1	4

序号	信 息 内 容
1.8	切一侧槽

加工工序见图1.10，工艺过程见表1.7。

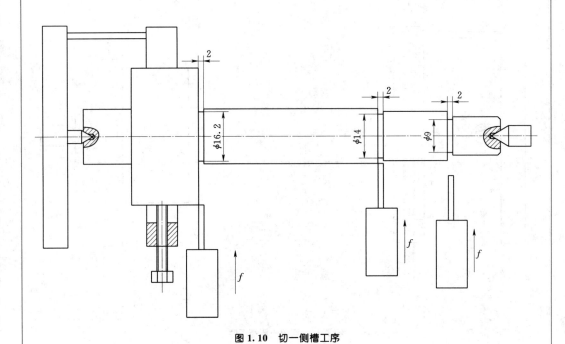

图 1.10　切一侧槽工序

表 1.7　切一侧槽工艺过程

工步号	工步名称	工艺装备	主轴转速 /(r·min⁻¹)	进给量 /(mm·min⁻¹)	背吃刀量 /mm	进给次数	单件工时 /min
1	切槽 $\phi16.2×2$	硬质合金外圆槽刀和前后顶尖及鸡心夹头	600	100	2	1	4
2	切槽 $\phi14×2$						
3	切槽 $\phi9×2$						

序号	信 息 内 容
1.9	切另一侧槽

加工工序见图 1.11，工艺过程见表 1.8。

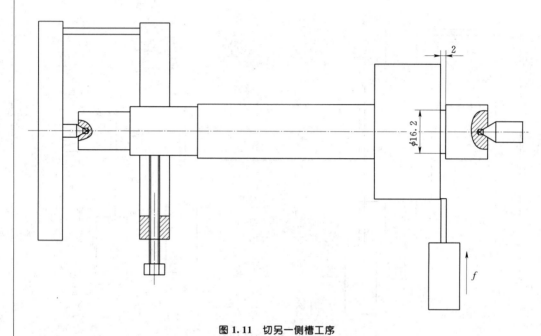

图 1.11 切另一侧槽工序

表 1.8 切另一侧槽工艺过程

工步号	工步名称	工艺装备	主轴转速 /(r·min⁻¹)	进给量 /(mm·min⁻¹)	背吃刀量 /mm	进给次数	单件工时 /min
1	切槽 $\phi 16.2 \times 2$	93°硬质合金外圆精车刀和前后顶尖及鸡心夹头	600	100	2	1	4

序号	信 息 内 容
1.10	车螺纹

加工工序见图 1.12，工艺过程见表 1.9。

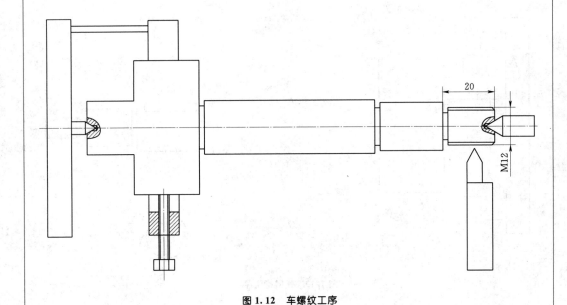

图 1.12 车螺纹工序

表 1.9 车螺纹工艺过程

工步号	工步名称	工艺装备	主轴转速 /(r·min⁻¹)	进给量 /(mm·min⁻¹)	背吃刀量 /mm	进给次数	单件工时 /min
1	车外螺纹 M12×1.25	高速钢螺纹车刀，螺纹环规，前后顶尖和鸡心夹头	100	螺距 1.25	依次递减	4	5

序号	信 息 内 容
1.11	铣键槽

加工工序见图 1.13，工艺过程见表 1.10。

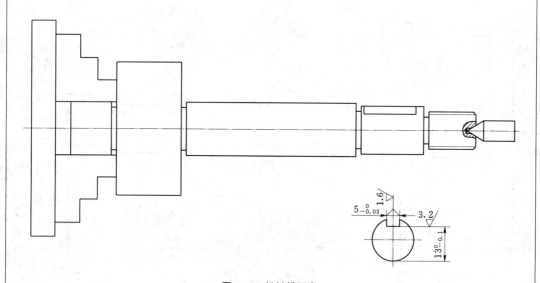

图 1.13 铣键槽工序

表 1.10 铣键槽工艺过程

工步号	工步名称	工艺装备	主轴转速 /(r·min⁻¹)	进给量 /(mm·min⁻¹)	背吃刀量 /mm	进给次数	单件工时 /min
1	铣键槽	$\phi 4$ 键槽铣刀	330	30	2.5	1	5

序号	信 息 内 容
1.12	钻孔

加工工序见图 1.14，工艺过程见表 1.11。

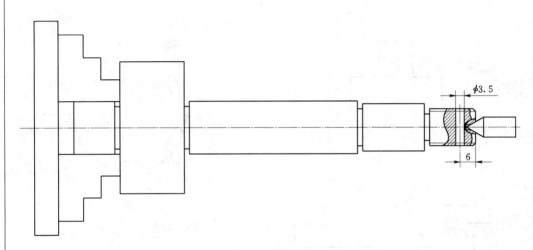

图 1.14 钻孔工序

表 1.11 钻孔工艺过程

工步号	工步名称	工艺装备	主轴转速 /(r·min⁻¹)	进给量 /(mm·min⁻¹)	背吃刀量 /mm	进给次数	单件工时 /min
1	钻孔	φ3.5 麻花钻	1200	100	1.75	1	4

15

序号	信 息 内 容
1.13	滚齿

加工工序见图 1.15，工艺过程见表 1.12。

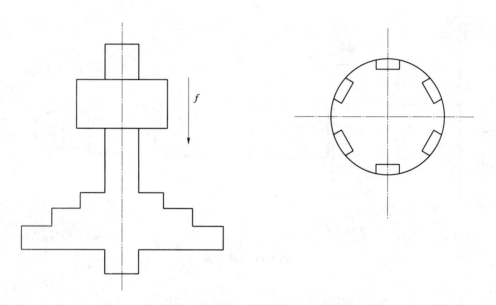

图 1.15 滚齿工序

表 1.12 滚齿工艺过程

工步号	工步名称	工艺装备	主轴转速 /(r · min⁻¹)	进给量 /(mm · min⁻¹)	背吃刀量 /mm	进给次数	单件工时 /min
1	滚齿加工	齿轮滚刀、滚齿机	50	0.05	2.25	1	15

续表

序号	信 息 内 容
1.14	钳工去毛刺，检测
工艺装备：钳工台、虎钳、锉刀、游标卡尺。	
1.15	高频淬火热处理
工艺装备：高频电炉、热电偶、淬火介质（20 号机油）。	
1.16	研磨中心孔
工艺装备：钳工研磨工具等。	
1.17	磨一侧外圆

加工工序见图 1.16，工艺过程见表 1.13。

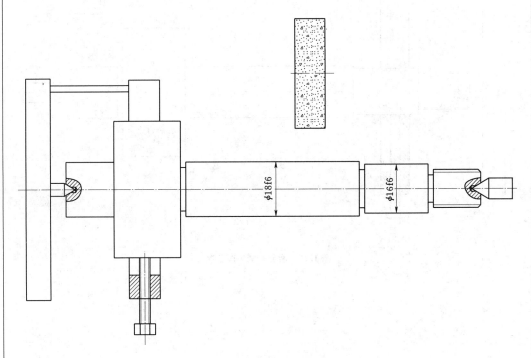

图 1.16　磨一侧外圆工序

表 1.13　磨一侧外圆工艺过程

工步号	工步名称	工艺装备	主轴转速 /(r·min⁻¹)	进给量 /(mm·min⁻¹)	背吃刀量 /mm	进给次数	单件工时 /min
1	磨外圆	小型外圆磨床	1450	60	0.02	15	15

17

序号	信 息 内 容
1.18	磨另一侧外圆

加工工序见图 1.17，工艺过程见表 1.14。

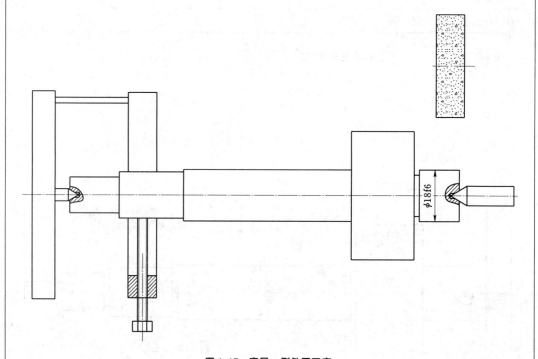

图 1.17 磨另一侧外圆工序

表 1.14 磨另一侧外圆工艺过程

工步号	工步名称	工艺装备	主轴转速 /(r · min⁻¹)	进给量 /(mm · min⁻¹)	背吃刀量 /mm	进给次数	单件工时 /min
1	磨外圆	小型外圆磨床	1450	60	0.02	15	15

续表

序号	信 息 内 容
1.19	从动齿轮轴零件图，毛坯

1. 从动齿轮轴零件图（见图 1.18）

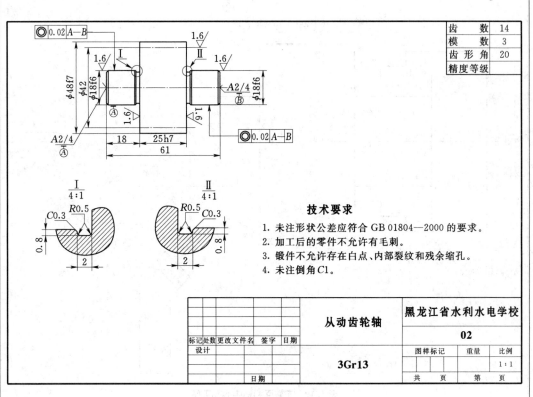

齿 数	14
模 数	3
齿形角	20
精度等级	

技术要求

1. 未注形状公差应符合 GB 01804—2000 的要求。
2. 加工后的零件不允许有毛刺。
3. 锻件不允许存在白点、内部裂纹和残余缩孔。
4. 未注倒角 C1。

					从动齿轮轴	黑龙江省水利水电学校
						02
标记	处数	更改文件名	签字	日期		
设计					3Gr13	图样标记　重量　比例
						1：1
			日期			共　页　第　页

图 1.18 从动齿轮轴零件图

2. 毛坯

材料牌号——3Gr13；

毛坯种类——模锻；

毛坯外形——$\phi 50 \times 63$。

序号	信 息 内 容
1.20	车端面和钻中心孔工序

加工工序见图1.19，工艺过程见表1.15。

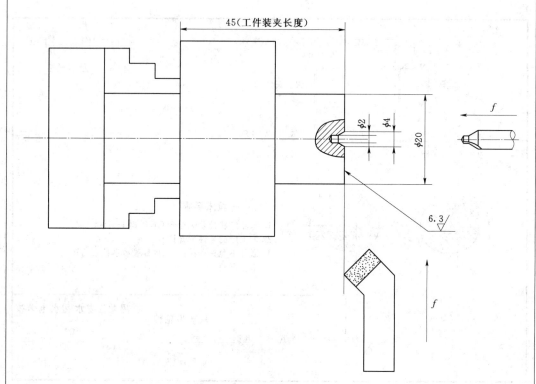

图 1.19　车端面和钻中心孔工序

表 1.15　车端面和钻中心孔工艺过程

工步号	工步名称	工艺装备	主轴转速 /(r·min⁻¹)	进给量 /(mm·min⁻¹)	背吃刀量 /mm	进给次数	单件工时 /min
1	车端面	硬质合金 YW1 45° 外圆车刀	600	120	1	1	1
2	钻中心孔	中心钻（高速钢）	1400	手动均匀进给	1	1	2

序号	信 息 内 容
1.21	车端面和钻中心孔（另一侧）

加工工序见图 1.20，工艺过程见表 1.16。

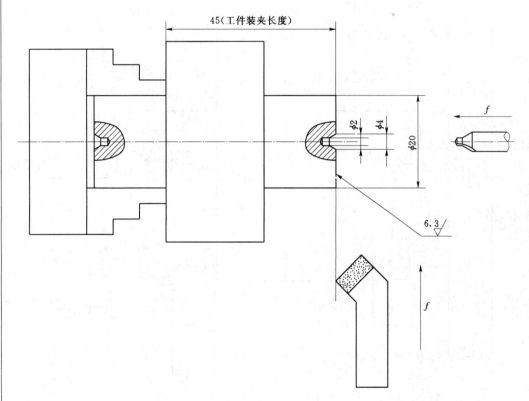

图 1.20　车端面和钻中心孔（另一侧）

表 1.16　车端面和钻中心孔（另一侧）过程

工步号	工步名称	工艺装备	主轴转速 /(r·min^{-1})	进给量 /(mm·min^{-1})	背吃刀量 /mm	进给次数	单件工时 /min
1	车端面	硬质合金 YW1 45° 外圆车刀	600	120	1	1	1
2	钻中心孔	中心钻（高速钢）	1400	手动均匀进给	1	1	2

序号	信　息　内　容
1.22	粗车一侧外圆

加工工序见图 1.21，工艺过程见表 1.17。

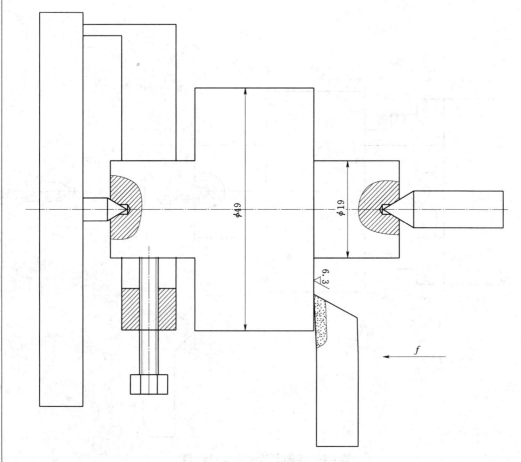

图 1.21　粗车一侧外圆工序

表 1.17　粗车一侧外圆工艺过程

工步号	工步名称	工艺装备	主轴转速 /(r·min⁻¹)	进给量 /(mm·min⁻¹)	背吃刀量 /mm	进给次数	单件工时 /min
1	粗车外圆 φ49×43	93°硬质合金外圆粗车刀，前后顶尖和鸡心夹头	800	160	1	1	2
2	粗车外圆 φ19×18						

续表

序号	信 息 内 容
1.23	粗车另一侧外圆

加工工序见图1.22，工艺过程见表1.18。

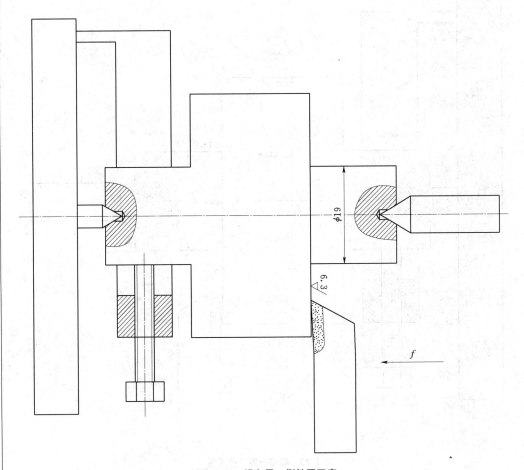

图 1.22 粗车另一侧外圆工序

表 1.18 粗车另一侧外圆工艺过程

工步号	工步名称	工艺装备	主轴转速 /(r·min⁻¹)	进给量 /(mm·min⁻¹)	背吃刀量 /mm	进给次数	单件工时 /min
1	粗车外圆 $\phi19\times18$	93°硬质合金外圆粗车刀，前后顶尖和鸡心夹头	800	160	1	1	2

23

序号	信 息 内 容
1.24	精车一侧外圆

加工工序见图 1.23，工艺过程见表 1.19。

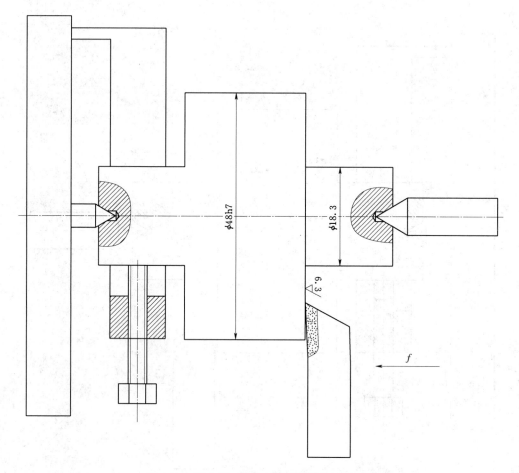

图 1.23　精车一侧外圆工序

表 1.19　精车一侧外圆工艺过程

工步号	工步名称	工艺装备	主轴转速 /(r·min⁻¹)	进给量 /(mm·min⁻¹)	背吃刀量 /mm	进给次数	单件工时 /min
1	精车外圆 φ48×13	93°硬质合金外圆 精车刀和前后顶尖 及鸡心夹头	1000	100	0.25	4	4
2	精车外圆 φ18.3×18			100	0.70	1	4

序号	信　息　内　容
1.25	精车另一侧外圆

加工工序见图 1.24，工艺过程见表 1.20。

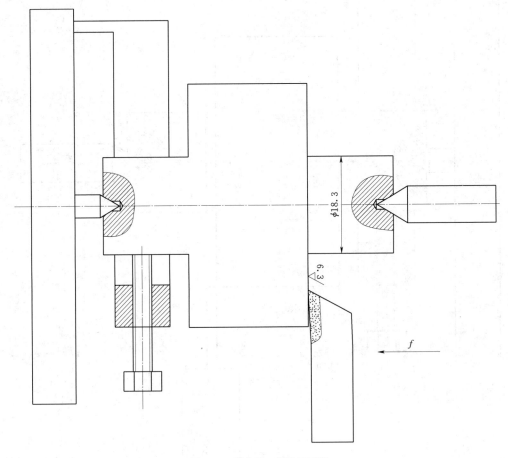

图 1.24　精车另一侧外圆工序

表 1.20　精车另一侧外圆工艺过程

工步号	工步名称	工艺装备	主轴转速 /(r·min⁻¹)	进给量 /(mm·min⁻¹)	背吃刀量 /mm	进给次数	单件工时 /min
1	精车外圆 φ18.3×18	93°硬质合金外圆精车刀和前后顶尖及鸡心夹头	1000	100	0.7	1	4

序号	信　息　内　容
1.26	切槽

加工工序见图 1.25，工艺过程见表 1.21。

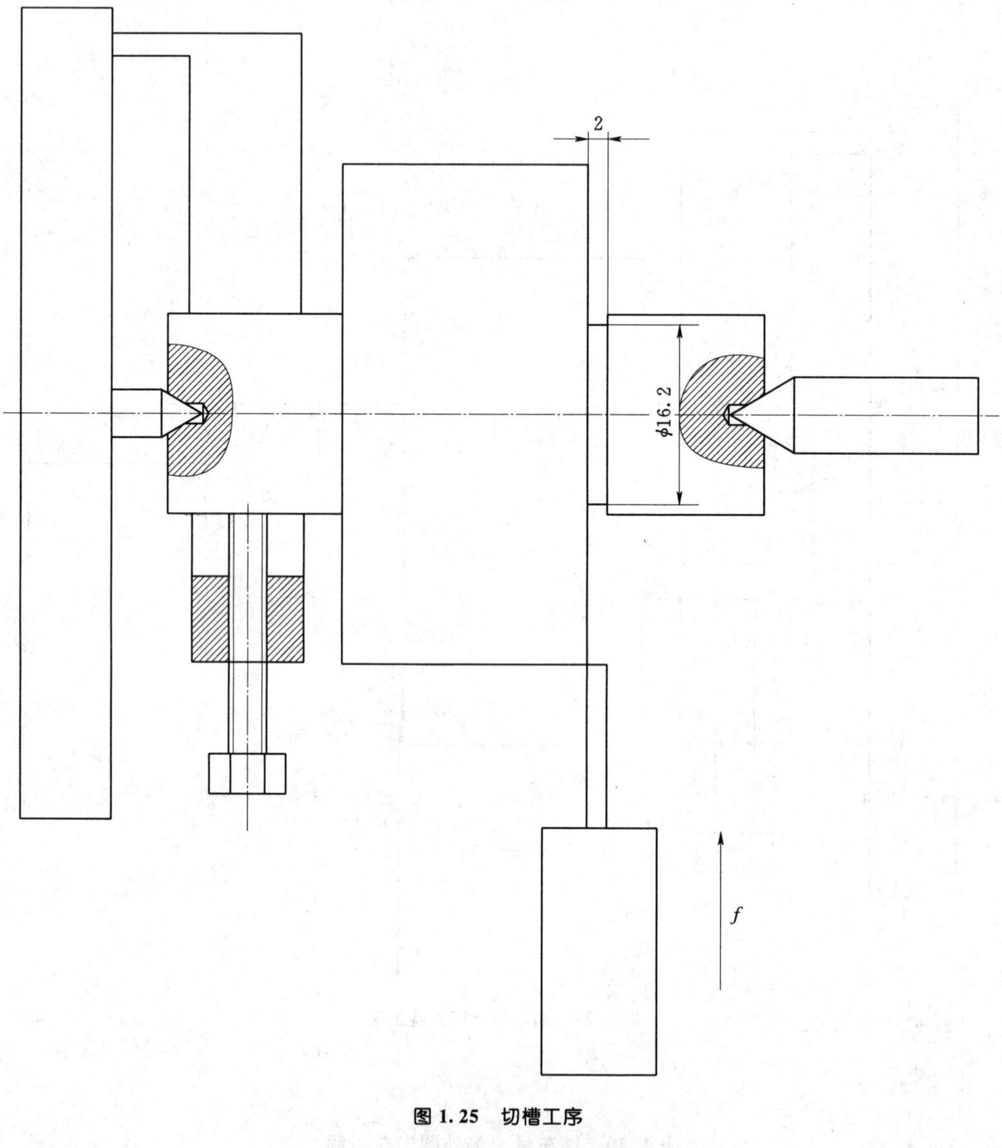

图 1.25　切槽工序

表 1.21　切槽工艺过程

工步号	工步名称	工艺装备	主轴转速 /(r·min⁻¹)	进给量 /(mm·min⁻¹)	背吃刀量 /mm	进给次数	单件工时 /min
1	切槽 $\phi 16.2 \times 2$	93°硬质合金外圆精车刀和前后顶尖及鸡心夹头	600	100	2	1	4

序号	信息内容
1.27	切另一侧外圆槽

加工工序见图 1.26，工艺过程见表 1.22。

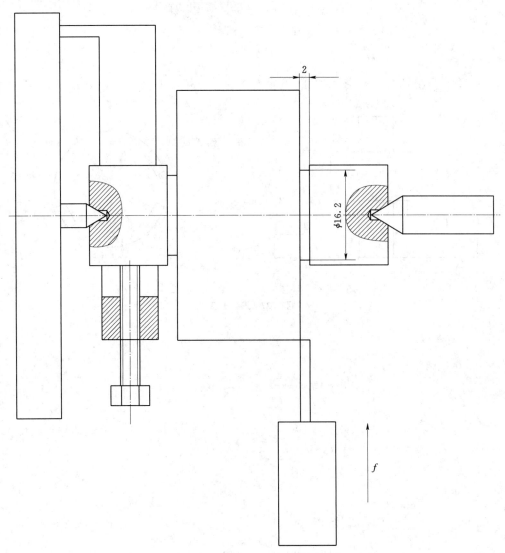

图 1.26 切另一侧外圆槽工序

表 1.22 切另一侧外圆槽工艺过程

工步号	工步名称	工艺装备	主轴转速 /(r·min⁻¹)	进给量 /(mm·min⁻¹)	背吃刀量 /mm	进给次数	单件工时 /min
1	切槽 φ16.2×2	93°硬质合金外圆精车刀和前后顶尖及鸡心夹头	600	100	2	1	4

序 号	信 息 内 容
1.28	滚齿

加工工序见图 1.27，工艺过程见表 1.23。

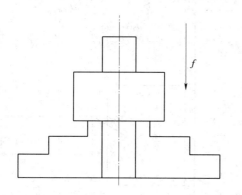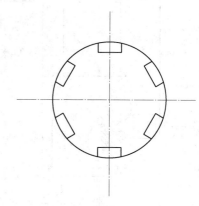

图 1.27 滚齿工序

表 1.23 滚齿工艺过程

工步号	工步名称	工艺装备	主轴转速 /(r·min^{-1})	进给量 /(mm·min^{-1})	背吃刀量 /mm	进给次数	单件工时 /min
1	滚齿加工	齿轮滚刀、滚齿机	50	0.05	2.25	1	15

序号	信 息 内 容
1.29	钳工去毛刺，检测
工艺装备：钳工台、虎钳、锉刀、游标卡尺。	
1.30	高频淬火热处理
工艺装备：高频电炉、热电偶、淬火介质（20号机油）。	
1.31	研磨中心孔
工艺装备：钳工研磨工具等。	
1.32	磨一侧外圆

加工工序见图1.28，工艺过程见表1.24。

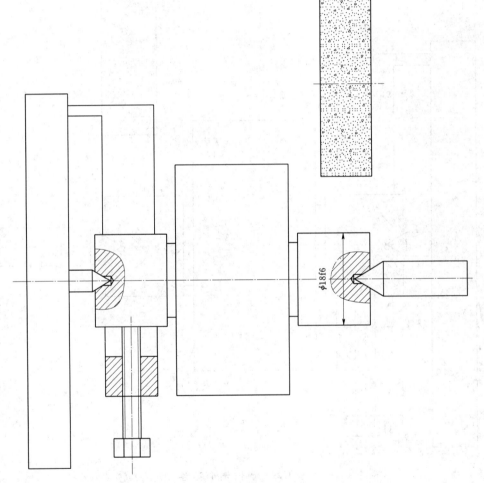

图 1.28　磨一侧外圆工序

表 1.24　磨一侧外圆工艺过程

工步号	工步名称	工艺装备	主轴转速 /(r·min⁻¹)	进给量 /(mm·min⁻¹)	背吃刀量 /mm	进给次数	单件工时 /min
1	磨外圆	小型外圆磨床	1450	60	0.02	15	15

序号	信 息 内 容
1.33	磨另一侧外圆

加工工序见图 1.29，工艺过程见表 1.25。

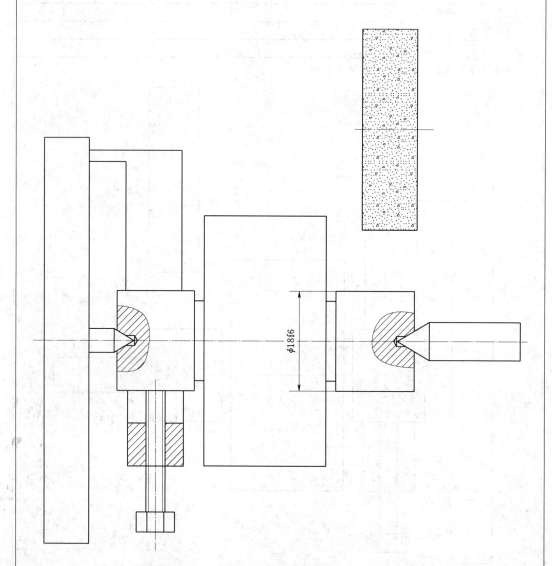

图 1.29 磨另一侧外圆工序

表 1.25 磨另一侧外圆工艺过程

工步号	工步名称	工艺装备	主轴转速 /(r · min⁻¹)	进给量 /(mm · min⁻¹)	背吃刀量 /mm	进给次数	单件工时 /min
1	磨外圆	小型外圆磨床	1450	60	0.02	15	15

计 划 单

学习情境1	数控车床加工工艺		
学习任务1	轴类零件加工工艺	学时	9
计划方式	制订计划和工艺		
序号	实 施 步 骤		使用工具
制订计划说明			
	班级		第 组	组长签字	
	教师签字		日期	
计划评价	评语:			

决 策 单

学习情境 1		数控车床加工工艺			
学习任务 1		轴类零件加工工艺		学时	9
方 案 讨 论					

	组号	工艺可行性	工艺先进性	工装合理性	实施难度	综合评价
方案对比	1					
	2					
	3					
	4					
	5					
	6					

方案评价	评语：

班级		组长签字		教师签字		月 日

材 料 工 具 单

学习情境1		数控车床加工工艺				
学习任务1		轴类零件加工工艺			学时	9
项目	序号	名称	作用	数量	使用前	使用后
产品零件	1	主动齿轮轴	提供扭矩，使从动齿轮轴与之啮合	1		
	2	从动齿轮轴	与主动齿轮轴进行啮合完成吸入和排出液体	1		
所用夹具	1	三爪夹盘	车床通用夹具	1		
	2	鸡心夹头	车床专用夹具	2		
	3	死顶尖	车床通用夹具	2		
	4	活顶尖	车床通用夹具	2		
所用刀具	1	中心钻	钻中心孔	2		
	2	93°粗车刀	粗车外圆	1		
	3	93°精车刀	精车外圆	1		
	4	切槽刀	切槽	1		
	5	键槽铣刀	铣键槽	1		
	6	麻花钻	钻孔	1		
	7	齿轮滚刀	滚齿轮	1		
班级		第 组	组长签字		教师签字	

实 施 单

学习情境 1	数控车床加工工艺		
学习任务 1	轴类零件加工工艺	学时	9
实施方式	小组进行工艺研讨实施计划，决策后每人均填写此单		
序号	实 施 步 骤		实用工具

实施说明：

班级		第 组	组长签字	
教师签字			日期	

作 业 单

学习情境 1	数控车床加工工艺		
学习任务 1	轴类零件加工工艺	学时	9
作业方式	由小组进行工艺研讨后，个人独立完成		
作业名称	阶梯轴加工工艺编制		

阶梯轴零件图见图 1.30，实体图见图 1.31。

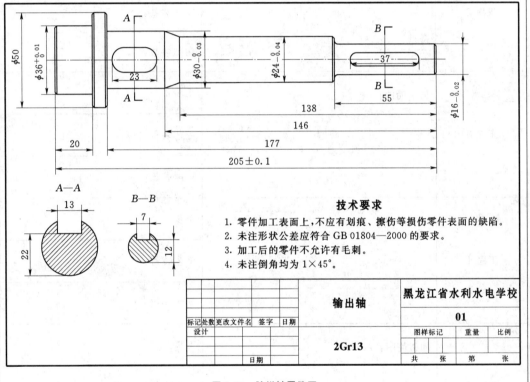

技术要求

1. 零件加工表面上，不应有划痕、擦伤等损伤零件表面的缺陷。
2. 未注形状公差应符合 GB 01804—2000 的要求。
3. 加工后的零件不允许有毛刺。
4. 未注倒角均为 1×45°。

	输出轴	黑龙江省水利水电学校
		01
标记处数更改文件名 签字 日期		图样标记 / 重量 / 比例
设计	2Gr13	
日期		共 张 第 张

图 1.30 阶梯轴零件图

图 1.31 阶梯轴实体图

续表

阶梯轴加工工艺规程		
工序 1	加工简图：	工步：
		工艺装备：
		切削参数：
工序 2	加工简图：	工步：
		工艺装备：
		切削参数：
工序 3	加工简图：	工步：
		工艺装备：
		切削参数：
工序 4	加工简图：	工步：
		工艺装备：
		切削参数：
工序 5	加工简图：	工步：
		工艺装备：
		切削参数：
工序 6	加工简图：	工步：
		工艺装备：
		切削参数：

续表

阶梯轴加工工艺规程		
工序 7	加工简图：	工步：
		工艺装备：
		切削参数：
工序 8	加工简图：	工步：
		工艺装备：
		切削参数：
工序 9	加工简图：	工步：
		工艺装备：
		切削参数：
工序 10	加工简图：	工步：
		工艺装备：
		切削参数：
工序 11	加工简图：	工步：
		工艺装备：
		切削参数：
工序 12	加工简图：	工步：
		工艺装备：
		切削参数：

阶梯轴加工工艺规程		
工序 13	加工简图：	工步： 工艺装备： 切削参数：
工序 14	加工简图：	工步： 工艺装备： 切削参数：
工序 15	加工简图：	工步： 工艺装备： 切削参数：
工序 16	加工简图：	工步： 工艺装备： 切削参数：
工序 17	加工简图：	工步： 工艺装备： 切削参数：
工序 18	加工简图：	工步： 工艺装备： 切削参数：

作业评价	班级		第　　组	组长签字		
	学号		姓名			
	教师签字		教师评分		日期	
	评语：					

检 查 单

学习情境1	数控车床加工工艺		
学习任务1	轴类零件加工工艺	学时	9

序号	检查项目	检查标准	学生自检	教师检查
1	加工工艺路线	工艺路线顺序正确		
2	加工方法	加工方法合理可行		
3	工艺基准	定位基准和工序基准选择正确		
4	工序图	工序图简明、表达清晰，图示正确		
5	工序尺寸	工序尺寸正确、合理		
6	工艺装备	刀具和夹具选择正确、合理、效率高		
7	切削参数	切削参数选择正确、合理		
8	阶梯轴工艺规程	加工简图正确、合理、确定工步、工艺装备和切削参数选择正确、合理		
9	工艺识读	熟练解读工艺规程（过程卡、工艺卡和工序卡）		

检查评价	班级		第 组	组长签字	
	教师签字			日 期	
	评语：				

评　价　单

学习情境 1		数控车床加工工艺			
学习任务 1		轴类零件加工工艺		学时	9
评价类别	项目	子项目	个人评价	组内互评	教师评价
专业能力（60%）	计划（10%）	计划可执行度（7%）			
		工具使用安排（3%）			
	实施（28%）	工作步骤执行性（8%）			
		工艺规程完整性（10%）			
		工艺装备合理性（10%）			
	检查（4%）	全面性和准确性（3%）			
		异常情况排除（1%）			
	结果（8%）	工艺识读准确性（8%）			
	作业（10%）	完成质量（10%）			
社会能力（20%）	团队协作（10%）	对小组的贡献（5%）			
		小组合作状况（5%）			
	敬业精神（10%）	吃苦耐劳精神（5%）			
		学习纪律性（5%）			
方法能力（20%）	计划能力（10%）	方案制订条理性（10%）			
	决策能力（10%）	方案选择正确性（10%）			

	班级		姓名		学号		总评	
	教师签字		第　　组	组长签字			日期	
评价评语	评语：							

教 学 反 馈 单

学习情境 1	数控车床加工工艺			
学习任务 1	轴类零件加工工艺	学时		9

	序号	调 查 内 容	是	否	陈述理由
调查项目	1	了解齿轮轴工作原理吗？			
	2	明确齿轮轴功用吗？			
	3	能够识读齿轮轴加工工艺路线吗？			
	4	能够识读齿轮轴加工工序图吗？			
	5	能够识读齿轮轴加工工艺装备吗？			
	6	能够识读齿轮轴加工工艺参数吗？			
	7	会制订阶梯轴加工工艺规程吗？			
	8	你对此学习情境的教学方式满意吗？			
	9	你对教师在本学习情境的教学满意吗？			
	10	你对小组完成本学习情境的配合满意吗？			

你的意见对改进教学非常重要，请写出你的意见和建议：

调查信息	被调查人签名		调查时间	

数控车床加工工艺

任 务 单

学习情境 1	数控车床加工工艺		
学习任务 2	套类零件加工工艺	学时	9
布 置 任 务			
学习目标	1. 学会套类零件的结构工艺性分析方法。 2. 学会套类零件毛坯种类、制造方法、形状与尺寸的选择原则。 3. 学会套类零件的定位方法及定位基准选择原则。 4. 学会制订套类零件加工工艺路线，选择加工方法及确定加工顺序。 5. 能读懂套类零件的加工工艺规程。		
任务描述	1. 分析轴套（见图 2.1）结构工艺。 图 2.1　轴套实体 2. 选择轴套的毛坯和确定定位基准。 3. 拟定轴套的加工路线。 4. 识读轴套加工工艺规程。		
对学生的 要求	1. 小组讨论轴套的工艺路线方案。 2. 小组完成轴套加工工艺识读工作任务。 3. 学会各种工装的合理使用。 4. 独立进行简单轴套的工艺规程的制订。 5. 参与工艺研讨，汇报轴套加工工艺，接受教师与学生的点评，同时参与评价小组自评与互评。 6. 积极参与小组任务讨论，严禁抄袭，遵守纪律。		
学时安排	资讯 1 学时	计划 0.5 学时	决策 0.5 学时
	实施 6 学时	检查 0.5 学时	评价 0.5 学时

信 息 单

学习情境 1	数控车床加工工艺		
学习任务 2	套类零件加工工艺	学时	9
序号	信 息 内 容		
2.1	轴套零件图及毛坯		

1. 轴套零件图（见图 2.2）

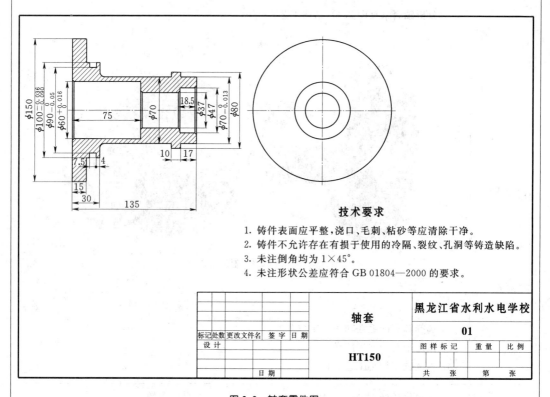

技术要求

1. 铸件表面应平整，浇口、毛刺、粘砂等应清除干净。
2. 铸件不允许存在有损于使用的冷隔、裂纹、孔洞等铸造缺陷。
3. 未注倒角均为 $1 \times 45°$。
4. 未注形状公差应符合 GB 01804—2000 的要求。

		轴套	黑龙江省水利水电学校
			01
标记 处数 更改文件名 签字 日期			图样标记　　重量　　比例
设计		HT150	
	日期		共　　张　　第　　张

图 2.2　轴套零件图

2. 毛坯

毛坯牌号——HT150；

毛坯种类——铸铁；

毛坯外形——$\phi 160 \times 138$。

序号	信 息 内 容
2.2	车端面

加工工序见图 2.3，工艺过程见表 2.1。

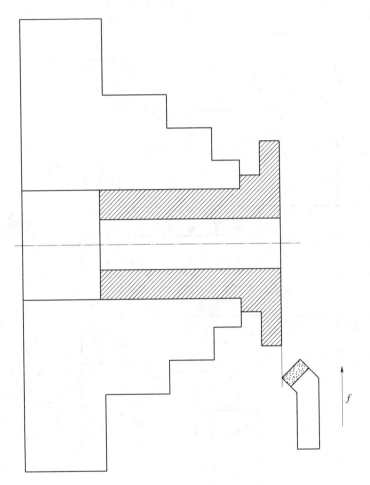

图 2.3 车端面工序

表 2.1 车端面工艺过程

工步号	工步名称	工艺装备	主轴转速 /(r·min⁻¹)	进给量 /(mm·min⁻¹)	背吃刀量 /mm	进给次数	单件工时 /min
1	车端面	45°硬质合金外圆车刀	300	120	1.5	1	1

序号	信 息 内 容
2.3	粗车外圆

加工工序见图 2.4，工艺过程见表 2.2。

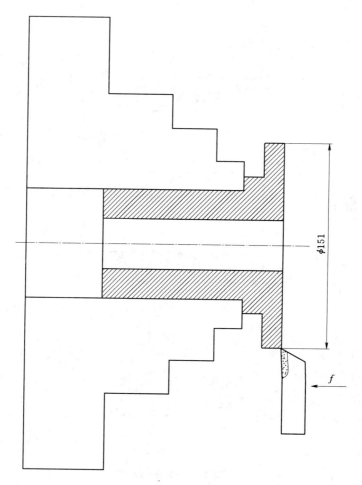

图 2.4 粗车外圆工序

表 2.2 粗车外圆工艺过程

工步号	工步名称	工艺装备	主轴转速 /(r·min⁻¹)	进给量 /(mm·min⁻¹)	背吃刀量 /mm	进给次数	单件工时 /min
1	粗车外圆	93°硬质合金外圆车刀	300	120	4.5	1	1

序号	信 息 内 容
2.4	扩孔

加工工序见图 2.5，工艺过程见表 2.3。

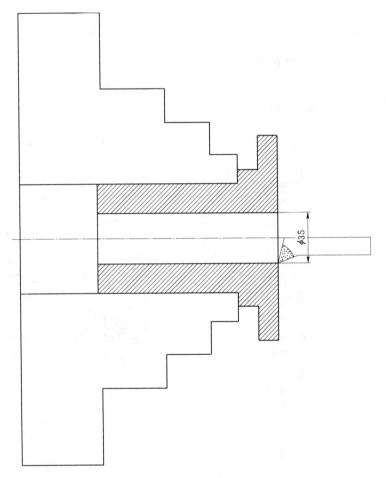

图 2.5　扩孔工序

表 2.3　扩 孔 工 艺 过 程

工步号	工步名称	工艺装备	主轴转速/(r·min⁻¹)	进给量/(mm·min⁻¹)	背吃刀量/mm	进给次数	单件工时/min
1	扩孔	93°硬质合金内孔车刀	500	100	5	3	8

续表

序号	信 息 内 容
2.5	粗车内孔

加工工序见图2.6，工艺过程见表2.4。

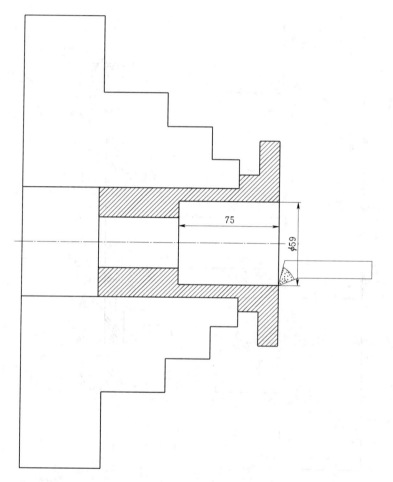

图 2.6 粗车内孔工序

表2.4 粗车内孔工艺过程

工步号	工步名称	工艺装备	主轴转速 /(r·min⁻¹)	进给量 /(mm·min⁻¹)	背吃刀量 /mm	进给次数	单件工时 /min
1	粗车内孔	93°硬质合金内孔粗车刀	500	120	5	3	15

序号	信 息 内 容
2.6	精车外圆

加工工序见图 2.7，工艺过程见表 2.5。

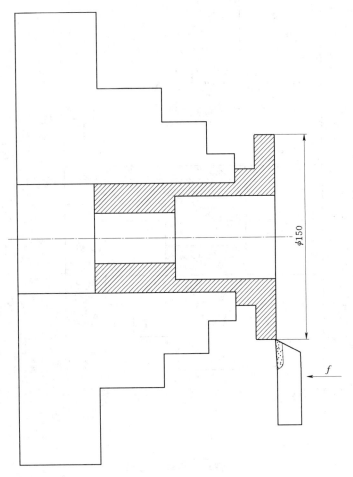

图 2.7 精车外圆工序

表 2.5 精车外圆工艺过程

工步号	工步名称	工艺装备	主轴转速 /(r·min⁻¹)	进给量 /(mm·min⁻¹)	背吃刀量 /mm	进给次数	单件工时 /min
1	精车外圆	93°硬质合金 外圆精车刀	500	80	0.5	1	1

序号	信息内容
2.7	精车内孔

加工工序见图 2.8，工艺过程见表 2.6。

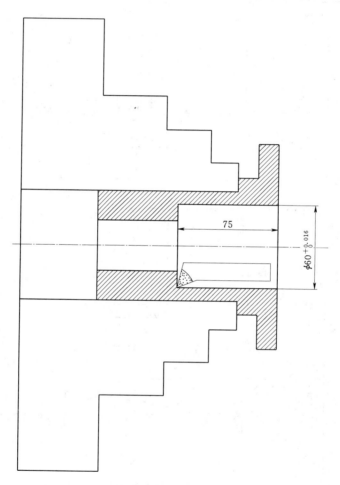

图 2.8　精车内孔工序

表 2.6　精车内孔工艺过程

工步号	工步名称	工艺装备	主轴转速 /(r·min⁻¹)	进给量 /(mm·min⁻¹)	背吃刀量 /mm	进给次数	单件工时 /min
1	精车内孔	93°硬质合金 内孔精车刀	800	60	0.5	1	1

序号	信 息 内 容
2.8	调头车端面保证总长

加工工序见图 2.9，工艺过程见表 2.7。

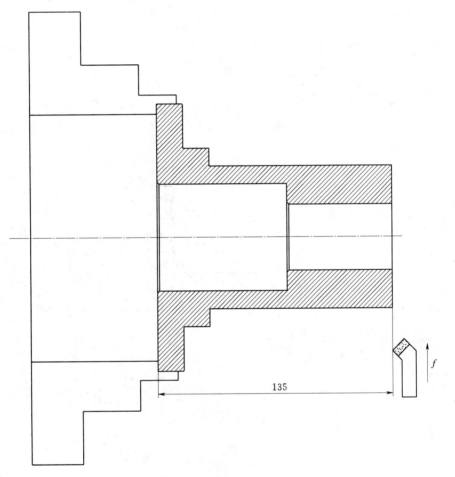

图 2.9 车端面工序

表 2.7 车 端 面 工 艺 过 程

工步号	工步名称	工艺装备	主轴转速 /(r · min⁻¹)	进给量 /(mm · min⁻¹)	背吃刀量 /mm	进给次数	单件工时 /min
1	车端面	45°外圆车刀	300	120	1.5	1	1

序号	信 息 内 容
2.9	粗车外圆

加工工序见图 2.10，工艺过程见表 2.8。

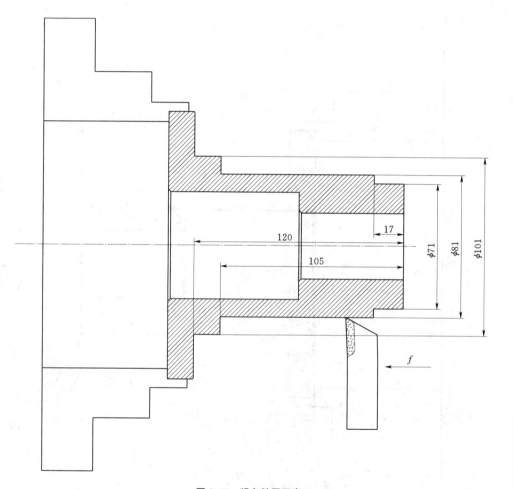

图 2.10 粗车外圆工序

表 2.8 粗车外圆工艺过程

工步号	工步名称	工艺装备	主轴转速 /(r·min⁻¹)	进给量 /(mm·min⁻¹)	背吃刀量 /mm	进给次数	单件工时 /min
1	粗车外圆	93°硬质合金外圆粗车刀	350	60	5	2	15

序号	信 息 内 容
2.10	粗车内孔

加工工序见图 2.11，工艺过程见表 2.9。

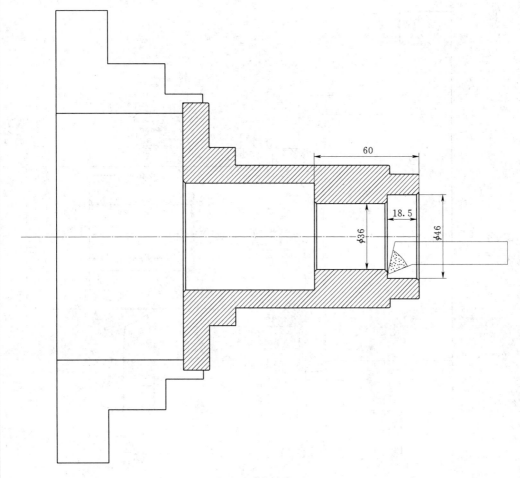

图 2.11　粗车内孔工序

表 2.9　粗 车 内 孔 工 艺 过 程

工步号	工步名称	工艺装备	主轴转速 /(r·min⁻¹)	进给量 /(mm·min⁻¹)	背吃刀量 /mm	进给次数	单件工时 /min
1	粗车内孔	93°硬质合金内孔粗车刀	500	100	5	2	10

序号	信 息 内 容
2.11	精车外圆

加工工序见图 2.12，工艺过程见表 2.10。

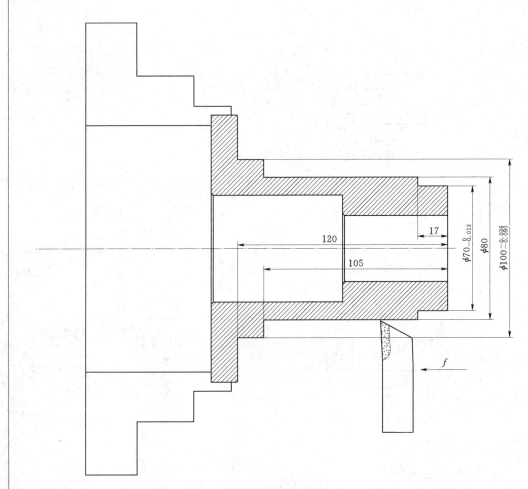

图 2.12 精车外圆工序

表 2.10 精车外圆工艺过程

工步号	工步名称	工艺装备	主轴转速 /(r·min⁻¹)	进给量 /(mm·min⁻¹)	背吃刀量 /mm	进给次数	单件工时 /min
1	精车外圆	93°硬质合金外圆精车刀	500	60	0.5	1	4

序号	信 息 内 容
2.12	精车内孔

加工工序见图 2.13，工艺过程见表 2.11。

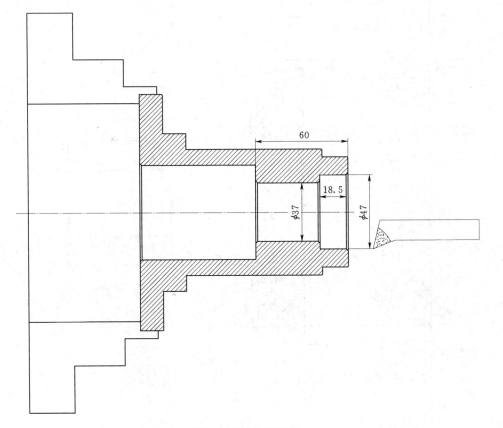

图 2.13 精车内孔工序

表 2.11 精车内孔工艺过程

工步号	工步名称	工艺装备	主轴转速 /(r·min⁻¹)	进给量 /(mm·min⁻¹)	背吃刀量 /mm	进给次数	单件工时 /min
1	精车内孔	93°硬质合金内孔精车刀	800	60	0.5	1	3

序号	信 息 内 容
2.13	车槽

加工工序见图 2.14，工艺过程见表 2.12。

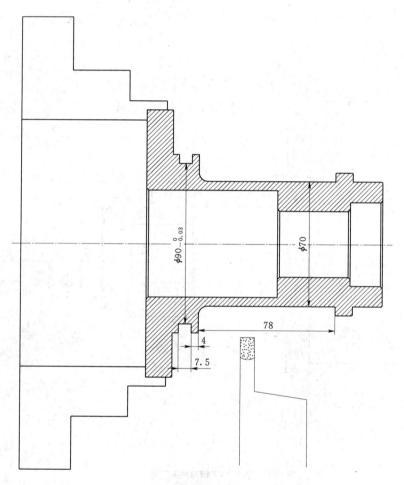

图 2.14 车槽工序

表 2.12 车 槽 工 艺 过 程

工步号	工步名称	工艺装备	主轴转速 /(r·min⁻¹)	进给量 /(mm·min⁻¹)	背吃刀量 /mm	进给次数	单件工时 /min
1	车槽	硬质合金外圆槽刀	300	60	5	1	15

计 划 单

学习情境 1	数控车床加工工艺		
学习任务 2	套类零件加工工艺	学时	9
计划方式	制订计划和工艺		
序号	实 施 步 骤		使用工具
制订计划说明			
	班级		第 组	组长签字	
	教师签字		日期	
计划评价	评语：		

决　策　单

学习情境1	数控车床加工工艺		
学习任务2	套类零件加工工艺	学时	9

		方案讨论				
方案对比	组号	工艺可行性	工艺先进性	工装合理性	实施难度	综合评价
	1					
	2					
	3					
	4					
	5					
	6					

方案评价	评语：

班级		组长签字		教师签字		月　日

材 料 工 具 单

学习情境1			数控车床加工工艺			
学习任务2			套类零件加工工艺		学时	9
项目	序号	名称	作用	数量	使用前	使用后
产品零件	1	轴套	减少轴与座的磨损，轴向定位	1		
所用夹具	1	三爪夹盘	车床通用夹具	1		
	2	软爪三爪夹盘	车床专用夹具	1		
所用刀具	1	45°端面车刀	车端面	1		
	2	93°外圆粗车刀	粗车外圆	1		
	3	93°外圆精车刀	精车外圆	1		
	4	93°内孔粗车刀	粗车内孔	1		
	5	93°内孔精车刀	精车内孔	1		
	6	切槽刀	切槽	1		
班级		第　　　组	组长签字		教师签字	

实 施 单

学习情境1	数控车床加工工艺		
学习任务2	套类零件加工工艺	学时	9
实施方式	小组进行工艺研讨实施计划，决策后每人均填写此单		

序号	实 施 步 骤	实用工具

实施说明：

班级		第 组	组长签字	
教师签字			日期	

作　业　单

学习情境 1	数控车床加工工艺		
学习任务 2	套类零件加工工艺	学时	9
作业方式	由小组进行工艺研讨后，个人独立完成		
作业名称	套类零件加工工艺编制		

套类零件图见图 2.15，实体图见图 2.16。

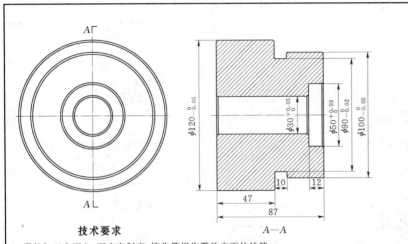

技术要求

1. 零件加工表面上，不应有划痕、擦伤等损伤零件表面的缺陷。
2. 未注形状公差应符合 GB 01804—2000 的要求。
3. 加工后的零件不允许有毛刺。
4. 未注倒角均为 1×45°。

标记	处数	更改文件名	签字	日期	套	黑龙江省水利水电学校		
设计						01		
							重量	比例
		日期			45#	共　张	第　张	

图 2.15　套类零件图

图 2.16　实体图

续表

套类零件加工工艺规程			
工序 1	加工简图：	工步：	
		工艺装备：	
		切削参数：	
工序 2	加工简图：	工步：	
		工艺装备：	
		切削参数：	
工序 3	加工简图：	工步：	
		工艺装备：	
		切削参数：	
工序 4	加工简图：	工步：	
		工艺装备：	
		切削参数：	
工序 5	加工简图：	工步：	
		工艺装备：	
		切削参数：	
工序 6	加工简图：	工步：	
		工艺装备：	
		切削参数：	

续表

套类零件加工工艺规程		
工序 7	加工简图：	工步：
		工艺装备：
		切削参数：
工序 8	加工简图：	工步：
		工艺装备：
		切削参数：
工序 9	加工简图：	工步：
		工艺装备：
		切削参数：
工序 10	加工简图：	工步：
		工艺装备：
		切削参数：
工序 11	加工简图：	工步：
		工艺装备：
		切削参数：
工序 12	加工简图：	工步：
		工艺装备：
		切削参数：

续表

套类零件加工工艺规程		
工序 13	加工简图：	工步：
		工艺装备：
		切削参数：
工序 14	加工简图：	工步：
		工艺装备：
		切削参数：
工序 15	加工简图：	工步：
		工艺装备：
		切削参数：
工序 16	加工简图：	工步：
		工艺装备：
		切削参数：
工序 17	加工简图：	工步：
		工艺装备：
		切削参数：
工序 18	加工简图：	工步：
		工艺装备：
		切削参数：

作业评价	班级		第　　组	组长签字	
	学号		姓名		
	教师签字		教师评分		日期
	评语：				

检 查 单

学习情境 1		数控车床加工工艺		
学习任务 2		套类零件加工工艺	学时	9
序号	检查项目	检查标准	学生自检	教师检查
1	加工工艺路线	工艺路线顺序正确		
2	加工方法	加工方法合理可行		
3	工艺基准	定位基准和工序基准选择正确		
4	工序图	工序图简明、表达清晰，图示正确		
5	工序尺寸	工序尺寸正确、合理		
6	工艺装备	刀具和夹具选择正确、合理、效率高		
7	切削参数	切削参数选择正确、合理		
8	简单轴套工艺规程	加工简图正确、合理、确定工步、工艺装备和切削参数选择正确、合理		
9	工艺识读	熟练解读工艺规程（过程卡、工艺卡和工序卡）		

	班级		第 组	组长签字	
	教师签字			日期	
检查评价	评语：				

评 价 单

学习情境 1		数控车床加工工艺				
学习任务 2		套类零件加工工艺		学时		9
评价类别	项目	子项目	个人评价	组内互评	教师评价	
专业能力 （60%）	计划 （10%）	计划可执行度（7%）				
		工具使用安排（3%）				
	实施 （28%）	工作步骤执行性（8%）				
		工艺规程完整性（10%）				
		工艺装备合理性（10%）				
	检查 （4%）	全面性和准确性（3%）				
		异常情况排除（1%）				
	结果 （8%）	工艺识读准确性（8%）				
	作业 （10%）	完成质量（10%）				
社会能力 （20%）	团队协作 （10%）	对小组的贡献（5%）				
		小组合作状况（5%）				
	敬业精神 （10%）	吃苦耐劳精神（5%）				
		学习纪律性（5%）				
方法能力 （20%）	计划能力 （10%）	方案制订条理性（10%）				
	决策能力 （10%）	方案选择正确性（10%）				
	班级		姓名		学号		总评	
	教师签字		第　组		组长签字		日期	
评价评语	评语：					

教 学 反 馈 单

学习情境1	数控车床加工工艺			
学习任务2	套类零件加工工艺	学时		9
调查项目	序号	调查内容	是	否	陈述理由

	序号	调查内容	是	否	陈述理由
调查项目	1	了解套类工作原理吗？			
	2	明确套类功用吗？			
	3	能够识读套类加工工艺路线吗？			
	4	能够识读套类加工工序图吗？			
	5	能够识读套类加工工艺装备吗？			
	6	能够识读套类加工工艺参数吗？			
	7	会制订简单轴套加工工艺规程吗？			
	8	你对此学习情境的教学方式满意吗？			
	9	你对教师在本学习情境的教学满意吗？			
	10	你对小组完成本学习情境的配合满意吗？			

你的意见对改进教学非常重要，请写出你的意见和建议：

调查信息	被调查人签名		调查时间	

学习情境 1

数控车床加工工艺

任　务　单

学习情境 1	数控车床加工工艺		
学习任务 3	盘类零件加工工艺	学时	9
布　置　任　务			

<table>
<tr><td>学习目标</td><td colspan="3">1. 学会盘类零件的结构工艺性分析方法。
2. 学会盘类零件毛坯种类、制造方法、形状与尺寸的选择原则。
3. 学会盘类零件的定位方法及定位基准选择原则。
4. 学会制订盘类零件加工工艺路线，选择加工方法及确定加工顺序。</td></tr>
<tr><td>任务描述</td><td colspan="3">1. 分析盘类零件（见图 3.1）结构工艺。

 图 3.1　盘类零件实体
2. 选择盘类零件的毛坯和确定定位基准。
3. 拟定盘类零件的加工路线。
4. 识读盘类零件加工工艺规程。</td></tr>
<tr><td>对学生的
要求</td><td colspan="3">1. 小组讨论盘类零件的工艺路线方案。
2. 小组完成盘类零件加工工艺识读工作任务。
3. 学会各种工装的合理使用。
4. 独立进行简单盘类零件的工艺规程的制订。
5. 参与工艺研讨，汇报盘类零件加工工艺，接受教师与学生的点评，同时参与评价小组自评与互评。
6. 积极参与小组任务讨论，严禁抄袭，遵守纪律。</td></tr>
<tr><td rowspan="2">学时安排</td><td>资讯 1 学时</td><td>计划 0.5 学时</td><td>决策 0.5 学时</td></tr>
<tr><td>实施 6 学时</td><td>检查 0.5 学时</td><td>评价 0.5 学时</td></tr>
</table>

信　息　单

学习情境 1	数控车床加工工艺		
学习任务 3	盘类零件加工工艺	学时	9
序号	信　息　内　容		
3.1	盘类零件图样及毛坯		

1. 盘类零件图（见图 3.2）

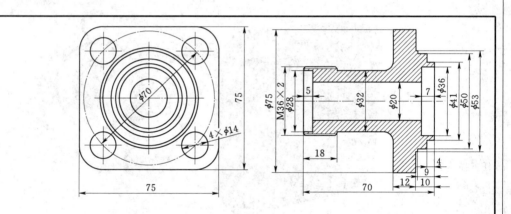

技术要求

1. 铸件表面应平整，浇口、毛刺、粘砂等应清除干净。
2. 未注倒角均为 1×45°。

	盘类	黑龙江省水利水电学校
		01
标记处数更改文件名 签字 日期		图样标记　重量　比例
设计	HT150	
日期		共　张　第　张

图 3.2　盘类零件图

2. **毛坯**

毛坯牌号——HT150；

毛坯种类——铸铁；

毛坯外形——80×80×80。

序号	信　息　内　容
3.2	车端面

加工工序见图 3.3，工艺过程见表 3.1。

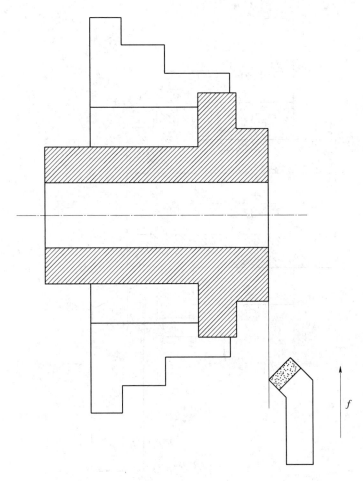

图 3.3　车端面工序

表 3.1　车端面工艺过程

工步号	工步名称	工艺装备	主轴转速 /(r · min⁻¹)	进给量 /(mm · min⁻¹)	背吃刀量 /mm	进给次数	单件工时 /min
1	车端面	45°硬质合金外圆车刀四爪卡盘	500	120	2.5	1	1

序号	信 息 内 容
3.3	粗车外圆

加工工序见图 3.4，工艺过程见表 3.2。

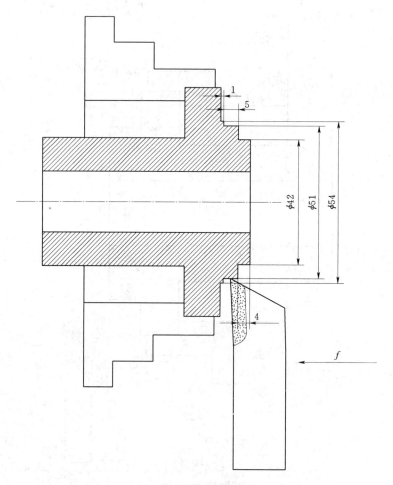

图 3.4　粗车外圆工序

表 3.2　粗车外圆工艺过程

工步号	工步名称	工艺装备	主轴转速 /(r·min⁻¹)	进给量 /(mm·min⁻¹)	背吃刀量 /mm	进给次数	单件工时 /min
1	粗车外圆	93°硬质合金 外圆粗车刀	400	120	5	1	4

序号	信 息 内 容
3.4	扩孔

加工工序见图 3.5，工艺过程见表 3.3。

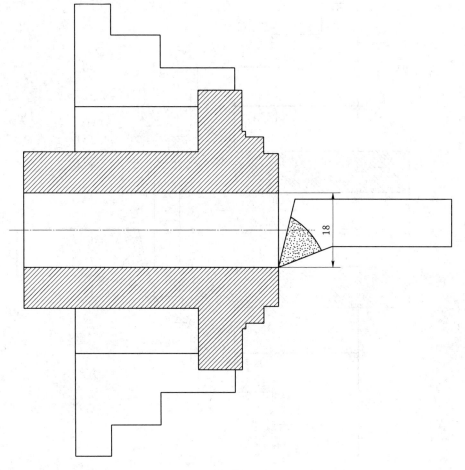

图 3.5　扩孔工序

表 3.3　扩 孔 工 艺 过 程

工步号	工步名称	工艺装备	主轴转速 /(r·min⁻¹)	进给量 /(mm·min⁻¹)	背吃刀量 /mm	进给次数	单件工时 /min
1	扩孔	93°硬质合金 内孔车刀	600	120	6	1	3

序号	信　息　内　容
3.5	粗车内孔

加工工序见图 3.6，工艺过程见表 3.4。

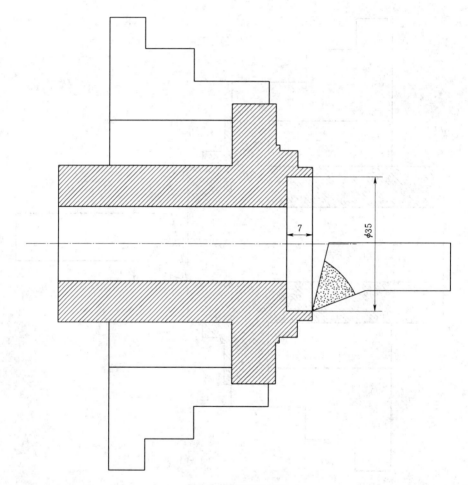

图 3.6　粗车内孔工序

表 3.4　粗 车 内 孔 工 艺 过 程

工步号	工步名称	工艺装备	主轴转速 /(r·min⁻¹)	进给量 /(mm·min⁻¹)	背吃刀量 /mm	进给次数	单件工时 /min
1	粗车内孔	93°硬质合金 内孔粗车刀	650	120	5	3	4

序号	信 息 内 容
3.6	精车外圆

加工工序见图 3.7,工艺过程见表 3.5。

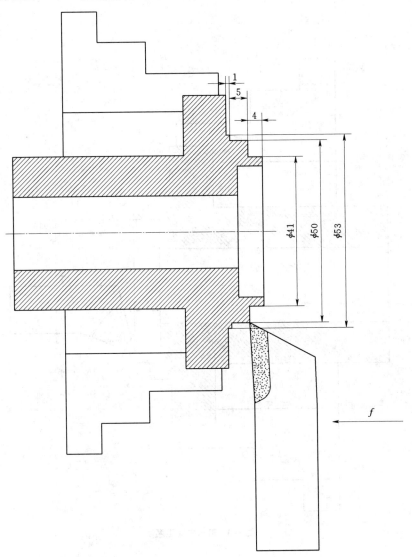

图 3.7 精车外圆工序

表 3.5 精车外圆工艺过程

工步号	工步名称	工艺装备	主轴转速 /(r·min⁻¹)	进给量 /(mm·min⁻¹)	背吃刀量 /mm	进给次数	单件工时 /min
1	精车外圆	93°硬质合金 外圆精车刀	800	100	0.5	1	1

序号	信 息 内 容
3.7	精车内孔

加工工序见图 3.8，工艺过程见表 3.6。

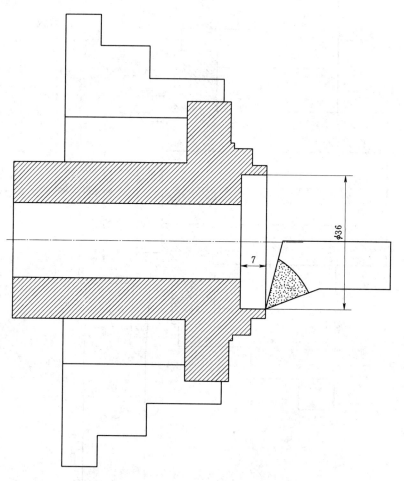

图 3.8　精车内孔工序

表 3.6　精车内孔工艺过程

工步号	工步名称	工艺装备	主轴转速 /(r·min⁻¹)	进给量 /(mm·min⁻¹)	背吃刀量 /mm	进给次数	单件工时 /min
1	精车内孔	93°硬质合金内孔精车刀	800	100	0.5	1	1

序号	信息内容
3.8	车端面

加工工序见图 3.9，工艺过程见表 3.7。

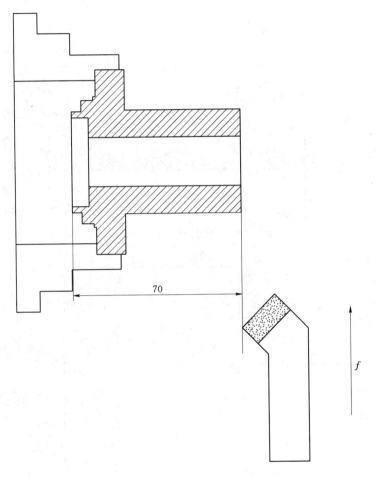

图 3.9　车端面工序

表 3.7　车端面工艺过程

工步号	工步名称	工艺装备	主轴转速 /(r·min⁻¹)	进给量 /(mm·min⁻¹)	背吃刀量 /mm	进给次数	单件工时 /min
1	车端面	45°硬质合金 端面车刀	400	120	2.5	1	1

序号	信 息 内 容
3.9	粗车外圆

加工工序见图 3.10，工艺过程见表 3.8。

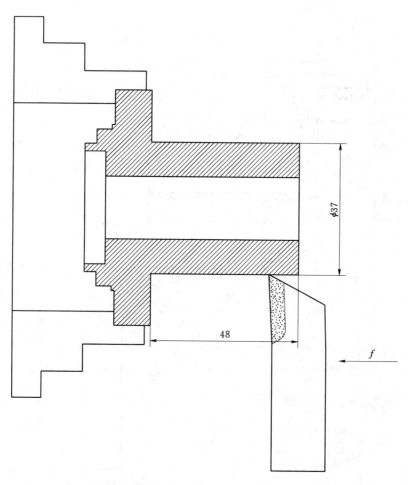

图 3.10 粗车外圆工序

表 3.8 粗车外圆工艺过程

工步号	工步名称	工艺装备	主轴转速 /(r·min⁻¹)	进给量 /(mm·min⁻¹)	背吃刀量 /mm	进给次数	单件工时 /min
1	粗车外圆	93°硬质合金外圆粗车刀	800	120	5	1	2

序号	信 息 内 容
3.10	粗车内孔

加工工序见图 3.11，工艺过程见表 3.9。

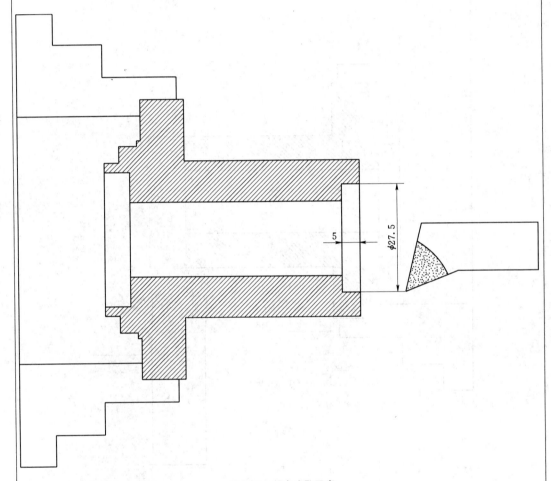

图 3.11 粗车内孔工序

表 3.9 粗车内孔工艺过程

工步号	工步名称	工艺装备	主轴转速 /(r·min⁻¹)	进给量 /(mm·min⁻¹)	背吃刀量 /mm	进给次数	单件工时 /min
1	粗车内孔	93°硬质合金内孔粗车刀	650	120	4	1	1

序号	信　息　内　容
3.11	精车外圆

加工工序见图 3.12，工艺过程见表 3.10。

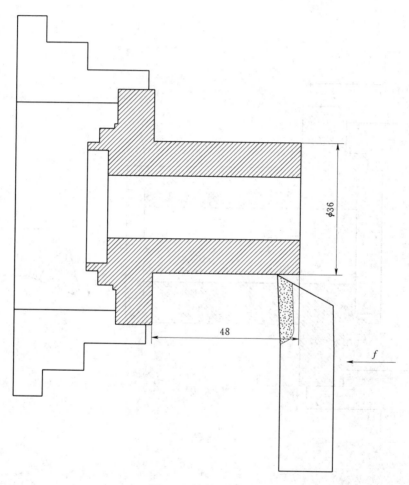

$\phi36$

48

f

图 3.12　精车外圆工序

表 3.10　精 车 外 圆 工 艺 过 程

工步号	工步名称	工艺装备	主轴转速 /(r·min⁻¹)	进给量 /(mm·min⁻¹)	背吃刀量 /mm	进给次数	单件工时 /min
1	精车外圆	93°硬质合金 外圆精车刀	1000	100	0.5	1	1

序号	信 息 内 容
3.12	精车内孔

加工工序见图 3.13，工艺过程见表 3.11。

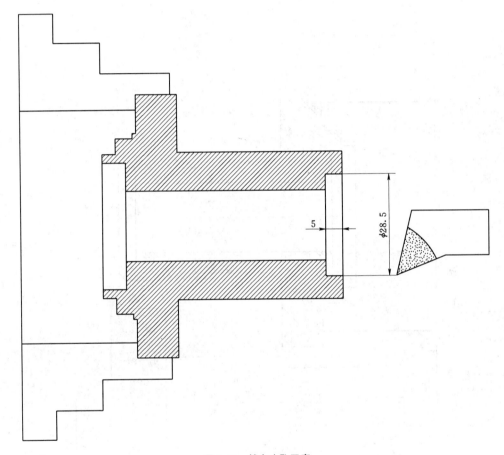

图 3.13 精车内孔工序

表 3.11 精 车 内 孔 工 艺 过 程

工步号	工步名称	工艺装备	主轴转速 /(r·min⁻¹)	进给量 /(mm·min⁻¹)	背吃刀量 /mm	进给次数	单件工时 /min
1	精车内孔	93°硬质合金内孔精车刀	1000	80	0.5	1	1

序号	信 息 内 容
3.13	切槽

加工工序见图 3.14，工艺过程见表 3.12。

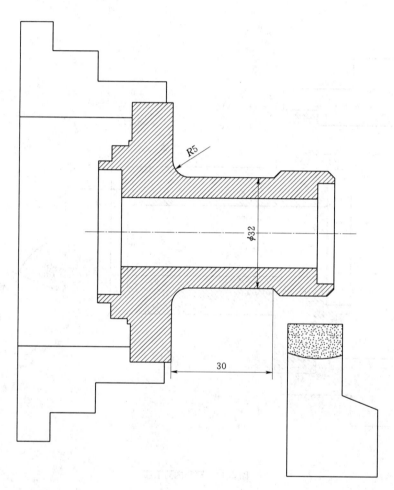

图 3.14 切槽工序

表 3.12 切 槽 工 艺 过 程

工步号	工步名称	工艺装备	主轴转速 /(r·min⁻¹)	进给量 /(mm·min⁻¹)	背吃刀量 /mm	进给次数	单件工时 /min
1	切槽	硬质合金外圆槽刀	500	100	4	1	10

序号	信 息 内 容
3.14	车螺纹

加工工序见图 3.15，工艺过程见表 3.13。

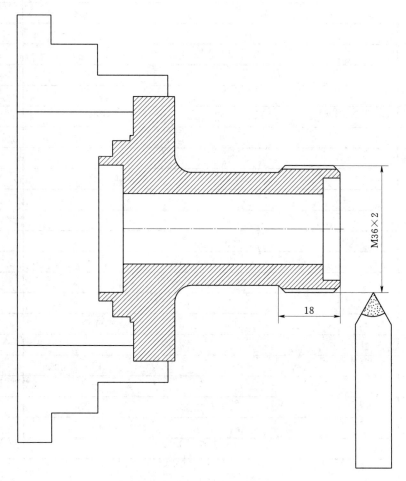

图 3.15　车螺纹工序

表 3.13　车 螺 纹 工 艺 过 程

工步号	工步名称	工艺装备	主轴转速 /(r·min⁻¹)	进给量 /(mm·min⁻¹)	背吃刀量 /mm	进给次数	单件工时 /min
1	车螺纹	高速钢螺纹车刀	80	螺距 2	依次递减	5	10

计　划　单

学习情境 1	数控车床加工工艺		
学习任务 3	盘类零件加工工艺	学时	9
计划方式	制订计划和工艺		
序号	实　施　步　骤		使用工具

制订计划说明				
	班级		第　　组	组长签字	
	教师签字		日期	
计划评价	评语：			

决 策 单

学习情境 1	数控车床加工工艺		
学习任务 3	盘类零件加工工艺	学时	9
方案讨论			

	组号	工艺可行性	工艺先进性	工装合理性	实施难度	综合评价
方案 对比	1					
	2					
	3					
	4					
	5					
	6					

	评语：
方案 评价	

班级		组长签字		教师签字		月 日

材 料 工 具 单

学习情境 1			数控车床加工工艺				
学习任务 3			盘类零件加工工艺			学时	9
项目	序号	名称	作用	数量	使用前	使用后	
产品零件	1	盘类	连接、支撑、密封	1			
所用夹具	1	四爪夹盘	车床通用夹具	1			
所用刀具	1	45°端面车刀	车端面	1			
	2	93°粗车刀	粗车外圆	1			
	3	93°精车刀	精车外圆	1			
	4	93°内孔粗车刀	粗车内孔	1			
	5	93°内孔精车刀	精车内孔	1			
	6	切槽刀	切槽	1			
	7	螺纹车刀	车螺纹	1			
班级		第　　组	组长签字		教师签字		

实 施 单

学习情境 1	数控车床加工工艺		
学习任务 3	盘类零件加工工艺	学时	9
实施方式	小组进行工艺研讨实施计划，决策后每人均填写此单		
序号	实 施 步 骤		实用工具

实施说明：

班级		第　　组	组长签字	
教师签字			日期	

作 业 单

学习情境 1	数控车床加工工艺		
学习任务 3	盘类零件加工工艺	学时	9
作业方式	由小组进行工艺研讨后，个人独立完成		
作业名称	盘类零件加工工艺编制		

盘类零件图见图 3.16，实体图见图 3.17。

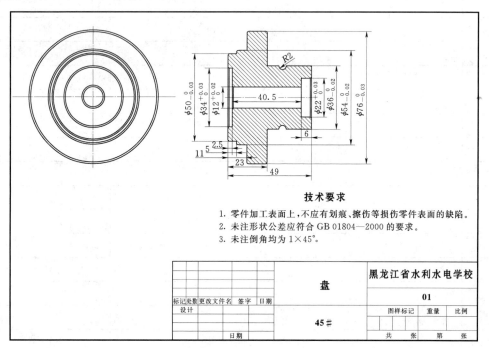

技术要求

1. 零件加工表面上，不应有划痕、擦伤等损伤零件表面的缺陷。
2. 未注形状公差应符合 GB 01804—2000 的要求。
3. 未注倒角均为 1×45°。

			盘	**黑龙江省水利水电学校**		
					01	
标记 处数 更改文件名	签字	日期		图样标记	重量	比例
设计						
	日期		45#	共 张		第 张

图 3.16　盘类零件图

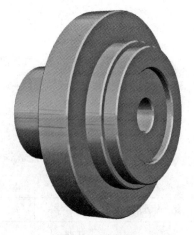

图 3.17　实体图

续表

盘类零件加工工艺规程		
工序 1	加工简图：	工步：
		工艺装备：
		切削参数：
工序 2	加工简图：	工步：
		工艺装备：
		切削参数：
工序 3	加工简图：	工步：
		工艺装备：
		切削参数：
工序 4	加工简图：	工步：
		工艺装备：
		切削参数：
工序 5	加工简图：	工步：
		工艺装备：
		切削参数：
工序 6	加工简图：	工步：
		工艺装备：
		切削参数：

续表

盘类零件加工工艺规程		
工序 7	加工简图：	工步： 工艺装备： 切削参数：
工序 8	加工简图：	工步： 工艺装备： 切削参数：
工序 9	加工简图：	工步： 工艺装备： 切削参数：
工序 10	加工简图：	工步： 工艺装备： 切削参数：
工序 11	加工简图：	工步： 工艺装备： 切削参数：
工序 12	加工简图：	工步： 工艺装备： 切削参数：

盘类零件加工工艺规程		
工序 13	加工简图：	工步：
		工艺装备：
		切削参数：
工序 14	加工简图：	工步：
		工艺装备：
		切削参数：
工序 15	加工简图：	工步：
		工艺装备：
		切削参数：
工序 16	加工简图：	工步：
		工艺装备：
		切削参数：
工序 17	加工简图：	工步：
		工艺装备：
		切削参数：
工序 18	加工简图：	工步：
		工艺装备：
		切削参数：

作业评价	班级		第　　组	组长签字		
	学号		姓名			
	教师签字		教师评分		日期	
	评语：					

检 查 单

学习情境 1	数控车床加工工艺		
学习任务 3	盘类零件加工工艺	学时	9
序号	检查项目	检查标准	学生自检	教师检查
1	加工工艺路线	工艺路线顺序正确		
2	加工方法	加工方法合理可行		
3	工艺基准	定位基准和工序基准选择正确		
4	工序图	工序图简明、表达清晰，图示正确		
5	工序尺寸	工序尺寸正确、合理		
6	工艺装备	刀具和夹具选择正确、合理、效率高		
7	切削参数	切削参数选择正确、合理		
8	阶梯轴工艺规程	加工简图正确、合理、确定工步、工艺装备和切削参数选择正确、合理		
9	工艺识读	熟练解读工艺规程（过程卡、工艺卡和工序卡）		

班级		第　　组	组长签字	
教师签字			日期	

检查评价

评语：

评　价　单

学习情境 1		数控车床加工工艺			
学习任务 3		盘类零件加工工艺	学时		9
评价类别	项目	子项目	个人评价	组内互评	教师评价
专业能力 （60%）	计划 （10%）	计划可执行度（7%）			
		工具使用安排（3%）			
	实施 （28%）	工作步骤执行性（8%）			
		工艺规程完整性（10%）			
		工艺装备合理性（10%）			
	检查 （4%）	全面性和准确性（3%）			
		异常情况排除（1%）			
	结果 （8%）	工艺识读准确性（8%）			
	作业 （10%）	完成质量（10%）			
社会能力 （20%）	团队协作 （10%）	对小组的贡献（5%）			
		小组合作状况（5%）			
	敬业精神 （10%）	吃苦耐劳精神（5%）			
		学习纪律性（5%）			
方法能力 （20%）	计划能力 （10%）	方案制订条理性（10%）			
	决策能力 （10%）	方案选择正确性（10%）			

	班级		姓名		学号		总评	
	教师签字		第　　组	组长签字			日期	
评价评语	评语：							

教 学 反 馈 单

学习情境1		数控车床加工工艺			
学习任务3		盘类零件加工工艺		学时	9
调查项目	序号	调查内容	是	否	陈述理由
	1	了解盘类零件工作原理吗？			
	2	明确盘类零件功用吗？			
	3	能够识读盘类零件加工工艺路线吗？			
	4	能够识读盘类零件加工工序图吗？			
	5	能够识读盘类零件加工工艺装备吗？			
	6	能够识读盘类零件加工工艺参数吗？			
	7	会制订简单盘类零件加工工艺规程吗？			
	8	你对此学习情境的教学方式满意吗？			
	9	你对教师在本学习情境的教学满意吗？			
	10	你对小组完成本学习情境的配合满意吗？			

你的意见对改进教学非常重要，请写出你的意见和建议：

调查信息	被调查人签名		调查时间	

数控车床加工工艺

- 学习任务 1　轴类零件加工工艺
- 学习任务 2　套类零件加工工艺
- **学习任务 3　盘类零件加工工艺**
- 学习任务 4　轴承端盖加工工艺

任 务 单

学习情境 1	数控车床加工工艺		
学习任务 4	轴承端盖加工工艺	学时	9
布 置 任 务			

学习目标	1. 学会端盖类零件的结构工艺性分析方法。 2. 学会端盖类零件毛坯种类、制造方法、形状与尺寸的选择原则。 3. 学会端盖类零件的定位方法及定位基准选择原则。 4. 学会制订端盖类零件加工工艺路线，选择加工方法及确定加工顺序。 5. 能读懂端盖的加工工艺规程。
任务描述	1. 分析端盖（见图 4.1）结构工艺。 **图 4.1 端盖实体** 2. 选择端盖的毛坯和确定定位基准。 3. 拟定端盖的加工路线。 4. 识读端盖加工工艺规程。
对学生的 要求	1. 小组讨论端盖类零件的工艺路线方案。 2. 小组完成端盖类零件加工工艺识读工作任务。 3. 学会各种工装的合理使用。 4. 独立进行简单端盖类零件的工艺规程的制订。 5. 参与工艺研讨，汇报端盖类零件加工工艺，接受教师与学生的点评，同时参与评价 小组自评与互评。 6. 积极参与小组任务讨论，严禁抄袭，遵守纪律。

学时安排	资讯 1 学时	计划 0.5 学时	决策 0.5 学时
	实施 6 学时	检查 0.5 学时	评价 0.5 学时

信　息　单

学习情境 1	数控车床加工工艺		
学习任务 4	轴承端盖加工工艺	学时	9
序号	信　息　内　容		
4.1	端盖的零件图及毛坯		

1. 端盖零件图（见图 4.2）

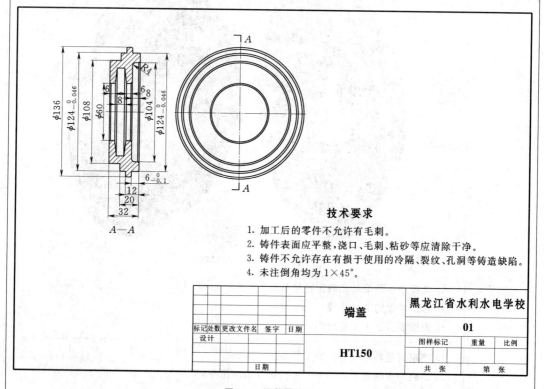

技术要求

1. 加工后的零件不允许有毛刺。
2. 铸件表面应平整，浇口、毛刺、粘砂等应清除干净。
3. 铸件不允许存在有损于使用的冷隔、裂纹、孔洞等铸造缺陷。
4. 未注倒角均为 1×45°。

| 端盖 | 黑龙江省水利水电学校 |
| HT150 | 01 |

图 4.2　端盖零件图

2. 毛坯

毛坯牌号——HT150；

毛坯种类——铸铁；

毛坯外形——φ140×35。

序号	信　息　内　容
4.2	车端面和钻中心孔

加工工序见图 4.3，工艺过程见表 4.1。

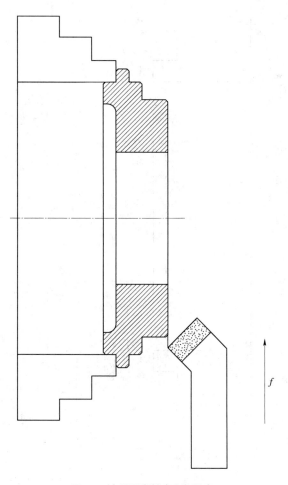

图 4.3　车端面和钻中心孔工序

表 4.1　车端面和钻中心孔工艺过程

工步号	工步名称	工艺装备	主轴转速 /(r·min⁻¹)	进给量 /(mm·min⁻¹)	背吃刀量 /mm	进给次数	单件工时 /min
1	车端面	45°硬质合金外圆端面车刀	500	120	1	1	1

序号	信　息　内　容
4.3	粗车外圆

加工工序见图 4.4，工艺过程见表 4.2。

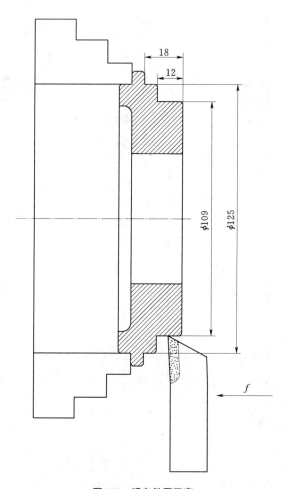

图 4.4　粗车外圆工序

表 4.2　粗车外圆工艺过程

工步号	工步名称	工艺装备	主轴转速 /(r·min⁻¹)	进给量 /(mm·min⁻¹)	背吃刀量 /mm	进给次数	单件工时 /min
1	粗车外圆	93°硬质合金 内孔粗车刀	300	120	5	4	4

序号	信 息 内 容
4.4	粗车内孔

加工工序见图 4.5，工艺过程见表 4.3。

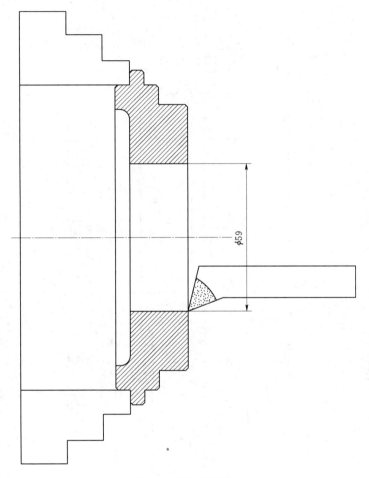

图 4.5 粗车内孔工序

表 4.3 粗车内孔工艺过程

工步号	工步名称	工艺装备	主轴转速 /(r·min⁻¹)	进给量 /(mm·min⁻¹)	背吃刀量 /mm	进给次数	单件工时 /min
1	粗车内孔	93°硬质合金 内孔粗车刀	600	120	5	2	3

序号	信 息 内 容
4.5	精车外圆

加工工序见图 4.6，工艺过程见表 4.4。

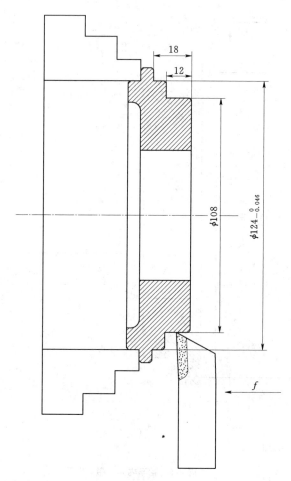

图 4.6 精车外圆工序

表 4.4 精车外圆工艺过程

工步号	工步名称	工艺装备	主轴转速 /(r·min^{-1})	进给量 /(mm·min^{-1})	背吃刀量 /mm	进给次数	单件工时 /min
1	精车外圆	93°硬质合金 外圆精车刀	330	80	0.5	1	1

序号	信 息 内 容
4.6	精车内孔

加工工序见图 4.7，工艺过程见表 4.5。

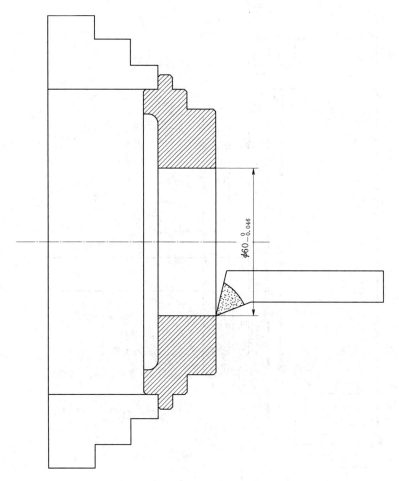

图 4.7 精车内孔工序

表 4.5 精 车 内 孔 工 艺 过 程

工步号	工步名称	工艺装备	主轴转速 /(r·min⁻¹)	进给量 /(mm·min⁻¹)	背吃刀量 /mm	进给次数	单件工时 /min
1	精车内孔	93°硬质合金内孔精车刀	650	80	0.5	1	1

序号	信 息 内 容
4.7	粗车内孔槽

加工工序见图 4.8，工艺过程见表 4.6。

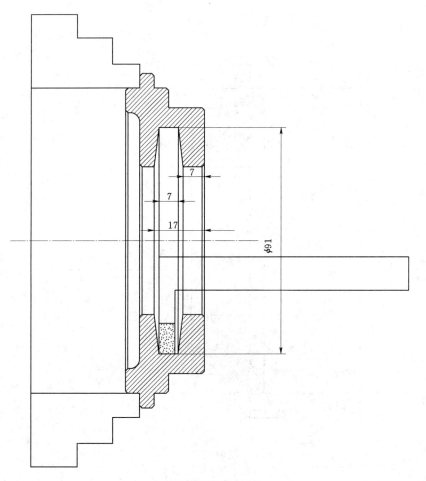

图 4.8 粗车内孔槽工序

表 4.6 粗车内孔槽工艺过程

工步号	工步名称	工艺装备	主轴转速 /(r·min⁻¹)	进给量 /(mm·min⁻¹)	背吃刀量 /mm	进给次数	单件工时 /min
1	粗车内孔槽	高速钢内孔槽刀	150	40	0.5	60	15

序号	信　息　内　容
4.8	精车内孔槽

加工工序见图 4.9，工艺过程见表 4.7。

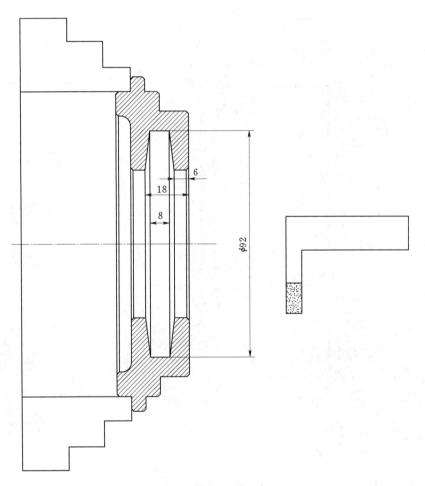

图 4.9　精车内孔槽工序

表 4.7　精车内孔槽工艺过程

工步号	工步名称	工艺装备	主轴转速 /(r·min⁻¹)	进给量 /(mm·min⁻¹)	背吃刀量 /mm	进给次数	单件工时 /min
1	精车内孔槽	高速钢内孔槽刀	200	60	0.5	2	10

序号	信 息 内 容
4.9	车端面

加工工序见图 4.10，工艺过程见表 4.8。

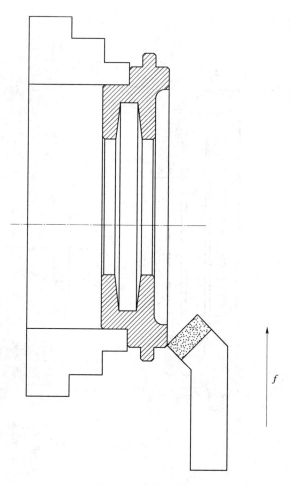

图 4.10 车端面工序

表 4.8 车端面工艺过程

工步号	工步名称	工艺装备	主轴转速 /(r·min⁻¹)	进给量 /(mm·min⁻¹)	背吃刀量 /mm	进给次数	单件工时 /min
1	车端面	45°硬质合金外圆端面车刀	500	120	1	1	1

序号	信 息 内 容
4.10	粗车外圆

加工工序见图 4.11，工艺过程见表 4.9。

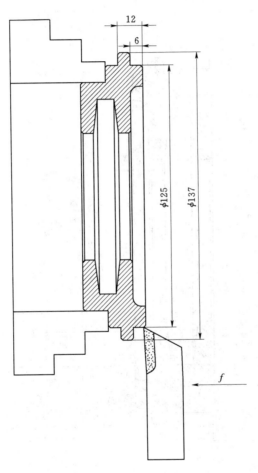

图 4.11　粗车外圆工序

表 4.9　粗车外圆工艺过程

工步号	工步名称	工艺装备	主轴转速 /(r·min⁻¹)	进给量 /(mm·min⁻¹)	背吃刀量 /mm	进给次数	单件工时 /min
1	粗车外圆	93°硬质合金外圆粗车刀	300	120	5	1	2

序号	信 息 内 容
4.11	粗车内孔

加工工序见图 4.12，工艺过程见表 4.10。

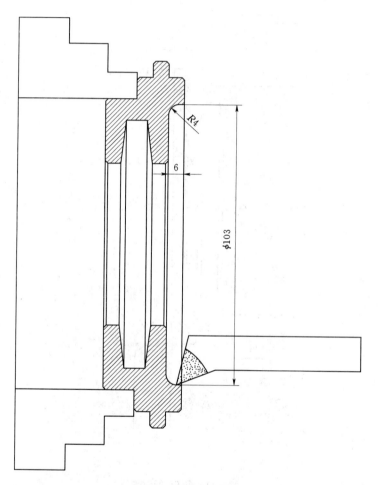

图 4.12　粗车内孔工序

表 4.10　粗车内孔工艺过程

工步号	工步名称	工艺装备	主轴转速 /(r·min⁻¹)	进给量 /(mm·min⁻¹)	背吃刀量 /mm	进给次数	单件工时 /min
1	粗车内孔	93°硬质合金内孔粗车刀	330	120	5	1	1

序号	信息内容
4.12	精车外圆

加工工序见图 4.13，工艺过程见表 4.11。

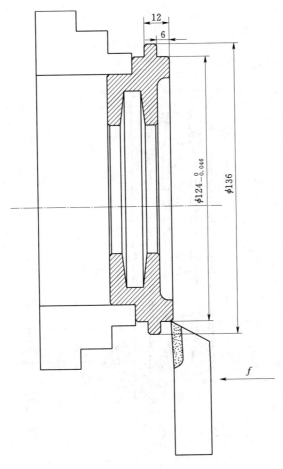

图 4.13 精车外圆工序

表 4.11 精车外圆工艺过程

工步号	工步名称	工艺装备	主轴转速 /(r·min⁻¹)	进给量 /(mm·min⁻¹)	背吃刀量 /mm	进给次数	单件工时 /min
1	精车外圆	93°硬质合金外圆精车刀	330	80	0.5	1	1

序号	信 息 内 容
4.13	精车内孔

加工工序见图 4.14，工艺过程见表 4.12。

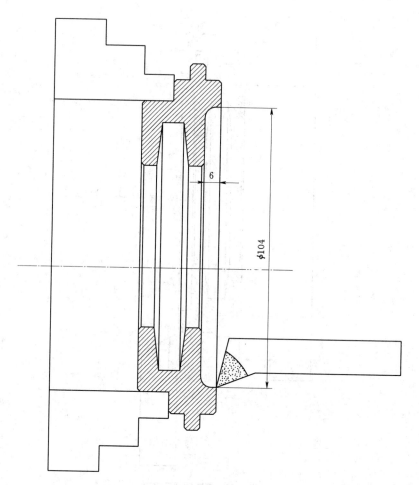

图 4.14 精车内孔工序

表 4.12 精车内孔工艺过程

工步号	工步名称	工艺装备	主轴转速 /(r·min⁻¹)	进给量 /(mm·min⁻¹)	背吃刀量 /mm	进给次数	单件工时 /min
1	精车内孔	93°硬质合金 内孔精车刀	400	80	0.5	1	1

计　划　单

学习情境 1	数控车床加工工艺		
学习任务 4	轴承端盖加工工艺	学时	9
计划方式	制订计划和工艺		
序号	实　施　步　骤		使用工具
制订计划说明			

	班级		第　　组	组长签字	
	教师签字			日期	
计划评价	评语：				

决 策 单

学习情境 1		数控车床加工工艺			
学习任务 4		轴承端盖加工工艺		学时	9
方案讨论					

	组号	工艺可行性	工艺先进性	工装合理性	实施难度	综合评价
方案 对比	1					
	2					
	3					
	4					
	5					
	6					

	评语：
方案 评价	

班级		组长签字		教师签字		月 日

材 料 工 具 单

学习情境1		数控车床加工工艺				
学习任务4		轴承端盖加工工艺			学时	9
项目	序号	名称	作用	数量	使用前	使用后
产品零件	1	轴承端盖	轴承外圈的轴向定位，防尘和密封	1		
所用夹具	1	三爪夹盘	车床通用夹具	1		
所用刀具	1	45°端面车刀	车端面	1		
	2	93°粗车刀	粗车外圆	1		
	3	93°精车刀	精车外圆	1		
	4	93°内孔粗车刀	粗车内孔	1		
	5	93°内孔精车刀	精车内孔	1		
	6	内孔切刀	车内孔锥槽	2		
班级		第 组	组长签字		教师签字	

实　施　单

学习情境 1	数控车床加工工艺		
学习任务 4	轴承端盖加工工艺	学时	9
实施方式	小组进行工艺研讨实施计划，决策后每人均填写此单		
序号	实　施　步　骤		实用工具

实施说明：

班级		第　　组	组长签字	
教师签字			日期	

作 业 单

学习情境 1	数控车床加工工艺		
学习任务 4	轴承端盖加工工艺	学时	9
作业方式	由小组进行工艺研讨后，个人独立完成		
作业名称	轴承端盖加工工艺编制		

端盖零件图见图 4.15，实体图见图 4.16。

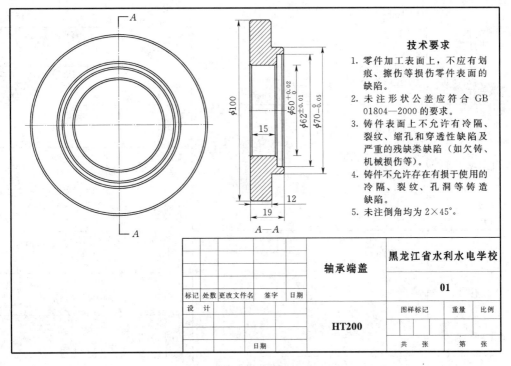

技术要求

1. 零件加工表面上，不应有划痕、擦伤等损伤零件表面的缺陷。
2. 未注形状公差应符合 GB 01804—2000 的要求。
3. 铸件表面上不允许有冷隔、裂纹、缩孔和穿透性缺陷及严重的残缺类缺陷（如欠铸、机械损伤等）。
4. 铸件不允许存在有损于使用的冷隔、裂纹、孔洞等铸造缺陷。
5. 未注倒角均为 2×45°。

				轴承端盖	**黑龙江省水利水电学校**		
					01		
标记	处数	更改文件名	签字	日期	图样标记	重量	比例
设 计							
				HT200			
			日期		共　张	第　张	

图 4.15 端盖零件图

图 4.16 实体图

轴承端盖加工工艺规程		
工序 1	加工简图：	工步：
		工艺装备：
		切削参数：
工序 2	加工简图：	工步：
		工艺装备：
		切削参数：
工序 3	加工简图：	工步：
		工艺装备：
		切削参数：
工序 4	加工简图：	工步：
		工艺装备：
		切削参数：
工序 5	加工简图：	工步：
		工艺装备：
		切削参数：
工序 6	加工简图：	工步：
		工艺装备：
		切削参数：

续表

轴承端盖加工工艺规程		
工序7	加工简图:	工步:
		工艺装备:
		切削参数:
工序8	加工简图:	工步:
		工艺装备:
		切削参数:
工序9	加工简图:	工步:
		工艺装备:
		切削参数:
工序10	加工简图:	工步:
		工艺装备:
		切削参数:
工序11	加工简图:	工步:
		工艺装备:
		切削参数:
工序12	加工简图:	工步:
		工艺装备:
		切削参数:

续表

轴承端盖加工工艺规程		
工序 13	加工简图：	工步：
		工艺装备：
		切削参数：
工序 14	加工简图：	工步：
		工艺装备：
		切削参数：
工序 15	加工简图：	工步：
		工艺装备：
		切削参数：
工序 16	加工简图：	工步：
		工艺装备：
		切削参数：
工序 17	加工简图：	工步：
		工艺装备：
		切削参数：
工序 18	加工简图：	工步：
		工艺装备：
		切削参数：

作业评价	班级		第　组	组长签字	
	学号		姓名		
	教师签字		教师评分		日期	
	评语：				

检 查 单

学习情境1	数控车床加工工艺		
学习任务4	轴承端盖加工工艺	学时	9

序号	检查项目	检查标准	学生自检	教师检查
1	加工工艺路线	工艺路线顺序正确		
2	加工方法	加工方法合理可行		
3	工艺基准	定位基准和工序基准选择正确		
4	工序图	工序图简明、表达清晰，图示正确		
5	工序尺寸	工序尺寸正确、合理		
6	工艺装备	刀具和夹具选择正确、合理、效率高		
7	切削参数	切削参数选择正确、合理		
8	阶梯轴工艺规程	加工简图正确、合理、确定工步、工艺装备和切削参数选择正确、合理		
9	工艺识读	熟练解读工艺规程（过程卡、工艺卡和工序卡）		

	班级		第　　组	组长签字	
	教师签字			日期	
检查评价	评语：				

评 价 单

学习情境1	数控车床加工工艺				
学习任务4	轴承端盖加工工艺			学时	9
评价类别	项目	子项目	个人评价	组内互评	教师评价
专业能力 （60%）	计划 （10%）	计划可执行度（7%）			
		工具使用安排（3%）			
	实施 （28%）	工作步骤执行性（8%）			
		工艺规程完整性（10%）			
		工艺装备合理性（10%）			
	检查 （4%）	全面性和准确性（3%）			
		异常情况排除（1%）			
	结果 （8%）	工艺识读准确性（8%）			
	作业 （10%）	完成质量（10%）			
社会能力 （20%）	团队协作 （10%）	对小组的贡献（5%）			
		小组合作状况（5%）			
	敬业精神 （10%）	吃苦耐劳精神（5%）			
		学习纪律性（5%）			
方法能力 （20%）	计划能力 （10%）	方案制订条理性（10%）			
	决策能力 （10%）	方案选择正确性（10%）			

班级		姓名		学号		总评	
教师签字		第　　组	组长签字			日期	

评价评语

评语：

教 学 反 馈 单

学习情境 1	数控车床加工工艺			
学习任务 4	轴承端盖加工工艺		学时	9

调查项目	序号	调 查 内 容	是	否	陈述理由
	1	了解端盖类零件工作原理吗？			
	2	明确端盖类零件功用吗？			
	3	能够识读端盖类零件加工工艺路线吗？			
	4	能够识读端盖类零件加工工序图吗？			
	5	能够识读端盖类零件加工工艺装备吗？			
	6	能够识读端盖类零件加工工艺参数吗？			
	7	会制订端盖类零件加工工艺规程吗？			
	8	你对此学习情境的教学方式满意吗？			
	9	你对教师在本学习情境的教学满意吗？			
	10	你对小组完成本学习情境的配合满意吗？			

你的意见对改进教学非常重要，请写出你的意见和建议：

调查信息	被调查人签名		调查时间	

数控铣床加工工艺

任　务　单

学习情境 2	数控铣床加工工艺		
学习任务 5	齿轮泵端盖加工工艺	学时	10
布　置　任　务			
学习目标	1. 学会端盖类零件的结构工艺性分析方法。 2. 学会端盖类零件毛坯种类、制造方法、形状与尺寸的选择原则。 3. 学会端盖类零件的定位方法及定位基准选择原则。 4. 学会制订端盖类零件加工工艺路线，选择加工方法及确定加工顺序。 5. 能读懂端盖的加工工艺规程。		
任务描述	1. 分析齿轮泵端盖（见图 5.1 和图 5.2）结构工艺。 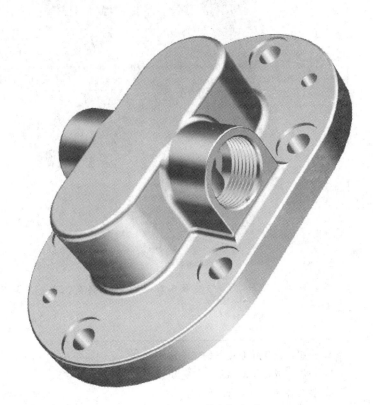 **图 5.1　齿轮泵端盖实体（一）** 2. 选择齿轮泵端盖的毛坯和确定定位基准。 3. 拟定齿轮泵端盖的加工路线。 4. 识读齿轮泵端盖加工工艺规程。		

129

学习情境 2	数控铣床加工工艺		
学习任务 5	齿轮泵端盖加工工艺	学时	10
布 置 任 务			
任务描述	 图 5.2 齿轮泵端盖实体（二）		
对学生的 要求	1. 小组讨论齿轮泵端盖的工艺路线方案。 2. 小组完成轮泵端盖加工工艺识读工作任务。 3. 学会各种工装的合理使用。 4. 独立进行简单端盖的工艺规程的制订。 5. 参与工艺研讨，汇报轮泵端盖加工工艺，接受教师与学生的点评，同时参与评价小组自评与互评。 6. 积极参与小组任务讨论，严禁抄袭，遵守纪律。		
学时安排	资讯 1 学时	计划 0.5 学时	决策 0.5 学时
	实施 7 学时	检查 0.5 学时	评价 0.5 学时

信　息　单

学习情境 2	数控铣床加工工艺		
学习任务 5	齿轮泵端盖加工工艺	学时	10
序号	信　息　内　容		
5.1	齿轮泵端盖零件图和毛坯		

1. 齿轮泵端盖零件图（见图 5.3）

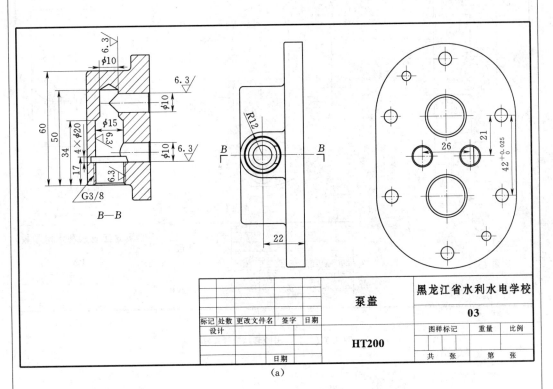

(a)

图 5.3（一）　齿轮泵端盖零件图

序号	信 息 内 容
5.1	齿轮泵端盖零件图和毛坯

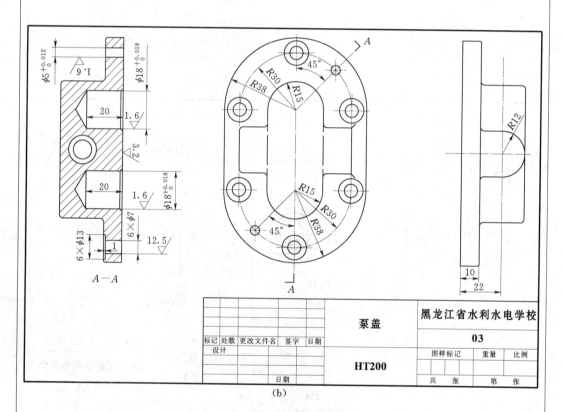

					泵盖	黑龙江省水利水电学校
						03
标记	处数	更改文件名	签字	日期		图样标记 | 重量 | 比例
设计					HT200	
		日期				共 张 第 张

(b)

图 5.3（二） 齿轮泵端盖零件图

2. 毛坯

材料牌号——HT200；

毛坯种类——铸件（机械加工的特点是断屑良好但切屑呈崩碎状，不宜加冷却液）；

毛坯外形——120×78×40。

序号	信 息 内 容
5.2	平上端面

加工工序见图 5.4，工艺过程见表 5.1。

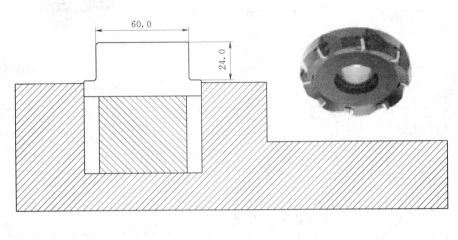

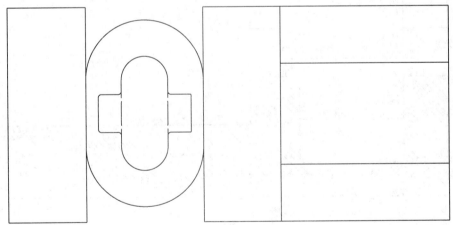

图 5.4　平上端面工序

表 5.1　平 上 端 面 工 艺 过 程

工步号	工步名称	工艺装备	主轴转速 /(r · min⁻¹)	进给量 /(mm · min⁻¹)	背吃刀量 /mm	进给次数	单件工时 /min
1	平上端面	数控铣床、平口钳、 φ35R3 面铣刀	200	100	3	1	10

序号	信 息 内 容
5.3	平下端面

加工工序见图 5.5，工艺过程见表 5.2。

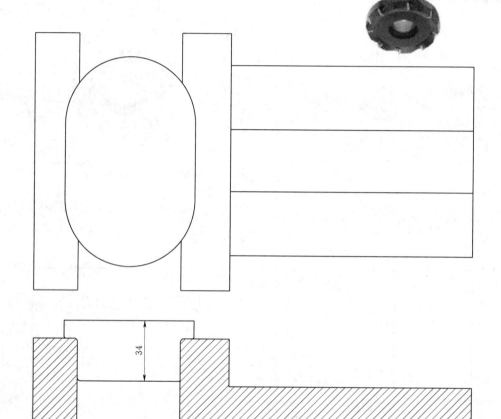

图 5.5　平下端面工序

表 5.2　平 下 端 面 工 艺 过 程

工步号	工步名称	工艺装备	主轴转速 /(r·min⁻¹)	进给量 /(mm·min⁻¹)	背吃刀量 /mm	进给次数	单件工时 /min
1	平下端面	数控铣床、平口钳、φ35R3 面铣刀	200	100	3	1	10

序号	信 息 内 容
5.4	钻孔

加工工序见图 5.6，工艺过程见表 5.3。

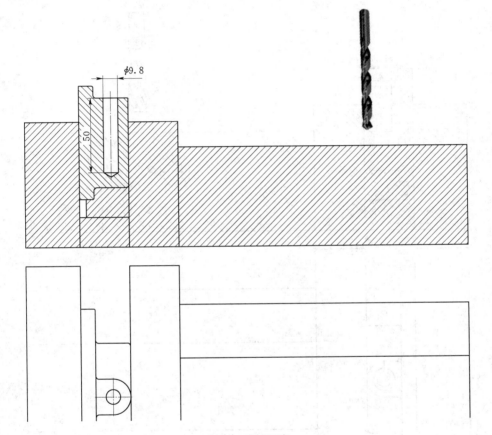

图 5.6　钻孔工序

表 5.3　钻 孔 工 艺 过 程

工步号	工步名称	工艺装备	主轴转速 /(r·min⁻¹)	进给量 /(mm·min⁻¹)	背吃刀量 /mm	进给次数	单件工时 /min
1	钻孔	数控铣床、平口钳、$\phi9.8$ 钻头	800	60	50	10	5

135

序号	信 息 内 容
5.5	扩孔

加工工序见图 5.7，工艺过程见表 5.4。

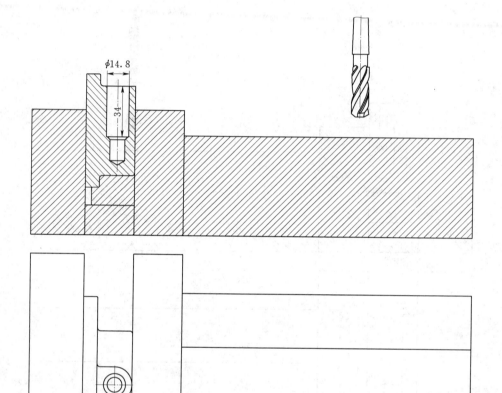

图 5.7　扩孔工序

表 5.4　扩 孔 工 艺 过 程

工步号	工步名称	工艺装备	主轴转速 /(r·min⁻¹)	进给量 /(mm·min⁻¹)	背吃刀量 /mm	进给次数	单件工时 /min
1	扩孔	数控铣床、平口钳、 φ14.8扩孔钻	300	60	7.4	7	5

续表

序号	信 息 内 容
5.6	铣孔

加工工序见图 5.8，工艺过程见表 5.5。

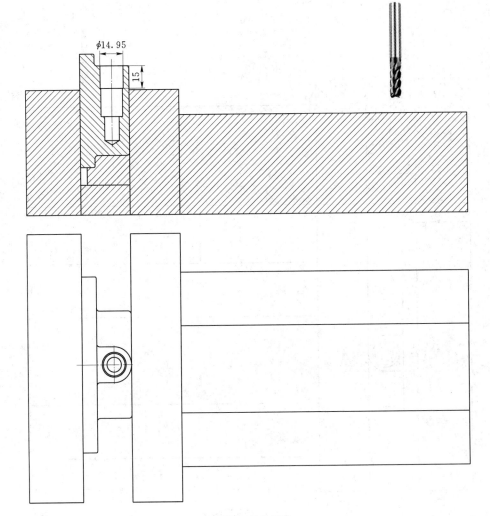

图 5.8　铣孔工序

表 5.5　铣 孔 工 艺 过 程

工步号	工步名称	工艺装备	主轴转速 /(r·min⁻¹)	进给量 /(mm·min⁻¹)	背吃刀量 /mm	进给次数	单件工时 /min
1	铣孔	数控铣床、平口钳、φ8硬质合金立铣刀	1000	80	0.94	1	3

137

序号	信　息　内　容
5.7	铰孔

加工工序见图 5.9，工艺过程见表 5.6。

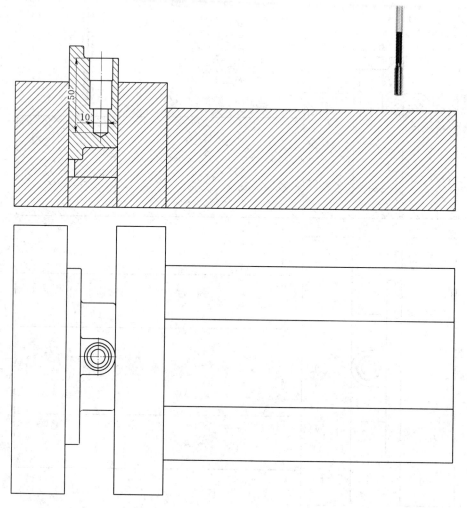

图 5.9　铰孔工序

表 5.6　铰 孔 工 艺 过 程

工步号	工步名称	工艺装备	主轴转速 /(r·min⁻¹)	进给量 /(mm·min⁻¹)	背吃刀量 /mm	进给次数	单件工时 /min
1	铰孔	数控铣床、平口钳、φ10 铰刀	100	50	0.1	1	2

序号	信　息　内　容
5.8	铰孔

加工工序见图 5.10，工艺过程见表 5.7。

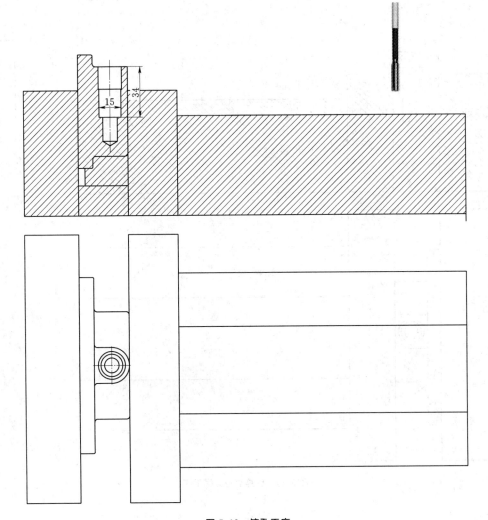

图 5.10　铰孔工序

表 5.7　铰 孔 工 艺 过 程

工步号	工步名称	工艺装备	主轴转速 /(r·min⁻¹)	进给量 /(mm·min⁻¹)	背吃刀量 /mm	进给次数	单件工时 /min
1	铰孔	数控铣床、平口钳、φ15 铰刀	80	40	0.1	1	2

序号	信 息 内 容
5.9	铣螺纹退刀槽

加工工序见图 5.11，工艺过程见表 5.8。

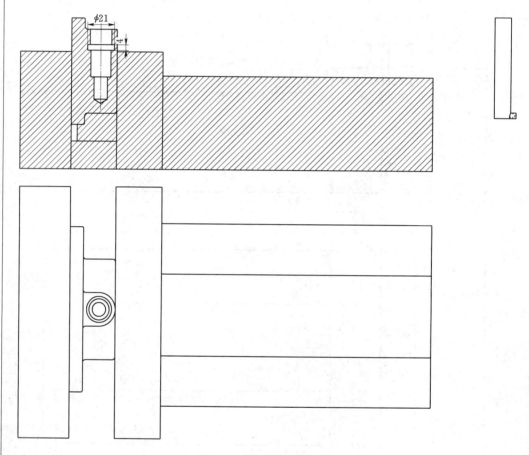

图 5.11　铣螺纹退刀槽工序

表 5.8　铣螺纹退刀槽工艺过程

工步号	工步名称	工艺装备	主轴转速 /(r·min⁻¹)	进给量 /(mm·min⁻¹)	背吃刀量 /mm	进给次数	单件工时 /min
1	铣螺纹退刀槽	数控铣床、平口钳、φ14 内孔槽铣刀	600	100	2	1	10

续表

序号	信 息 内 容
5.10	铣螺纹

加工工序见图 5.12，工艺过程见表 5.9。

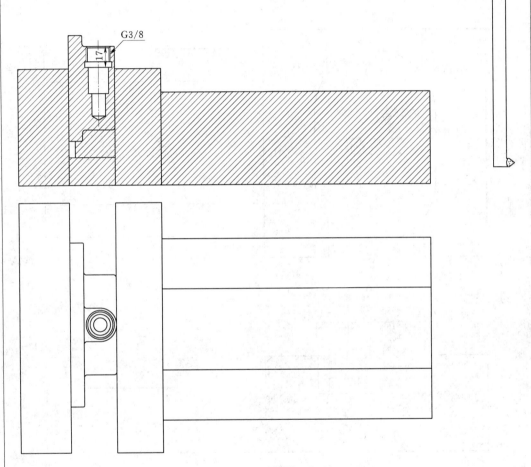

图 5.12　铣螺纹工序

表 5.9　铣 螺 纹 工 艺 过 程

工步号	工步名称	工艺装备	主轴转速 /(r·min⁻¹)	进给量 /(mm·min⁻¹)	背吃刀量 /mm	进给次数	单件工时 /min
1	铣螺纹	数控铣床、平口钳、内孔螺纹铣刀	800	50	0.1	8	15

141

序号	信　息　内　容
5.11	钻孔

加工工序见图 5.13，工艺过程见表 5.10。

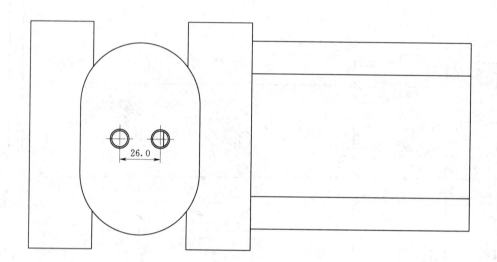

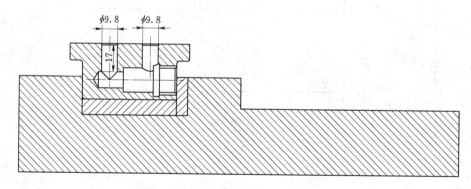

图 5.13　钻孔工序

表 5.10　钻 孔 工 艺 过 程

工步号	工步名称	工艺装备	主轴转速 /(r·min⁻¹)	进给量 /(mm·min⁻¹)	背吃刀量 /mm	进给次数	单件工时 /min
1	钻孔	数控铣床、平口钳、φ9.8 钻头	800	60	50	10	5

序号	信　息　内　容
5.12	铰孔

加工工序见图 5.14，工艺过程见表 5.11。

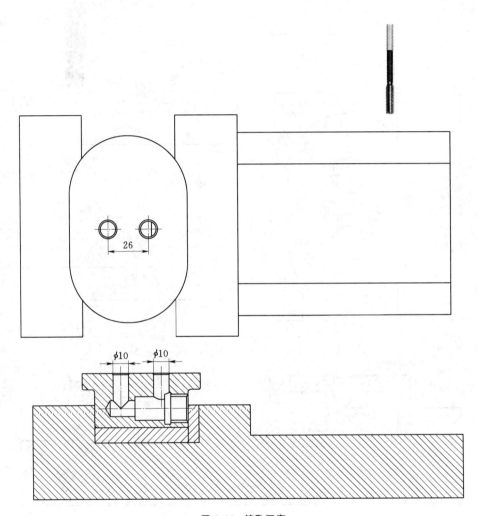

图 5.14　铰孔工序

表 5.11　铰 孔 工 艺 过 程

工步号	工步名称	工艺装备	主轴转速 /(r·min⁻¹)	进给量 /(mm·min⁻¹)	背吃刀量 /mm	进给次数	单件工时 /min
1	铰孔	数控铣床、平口钳、φ10 铰刀	100	50	0.1	1	2

序号	信　息　内　容
5.13	钻孔

加工工序见图 5.15，工艺过程见表 5.12。

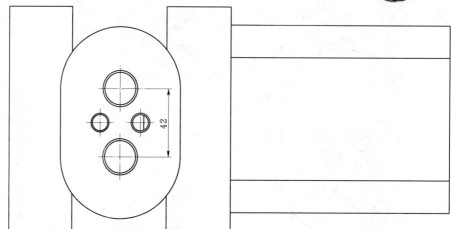

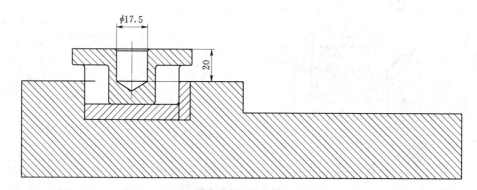

图 5.15　钻孔工序

表 5.12　钻 孔 工 艺 过 程

工步号	工步名称	工艺装备	主轴转速 /(r·min⁻¹)	进给量 /(mm·min⁻¹)	背吃刀量 /mm	进给次数	单件工时 /min
1	钻孔	数控铣床、平口钳、φ17.5 钻头	330	80	8.75	1	2

序号	信 息 内 容
5.14	粗铰孔

加工工序见图 5.16，工艺过程见表 5.13。

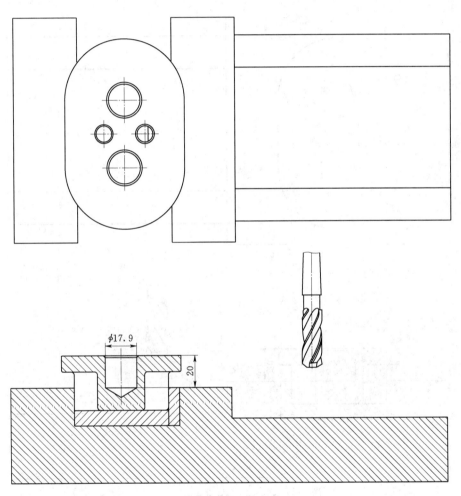

图 5.16　粗铰孔工序

表 5.13　粗 铰 孔 工 艺 过 程

工步号	工步名称	工艺装备	主轴转速 /(r·min^{-1})	进给量 /(mm·min^{-1})	背吃刀量 /mm	进给次数	单件工时 /min
1	粗铰孔	数控铣床、平口钳、ϕ17.9铰刀	80	40	0.2	1	3

序号	信 息 内 容
5.15	精铰孔

加工工序见图 5.17，工艺过程见表 5.14。

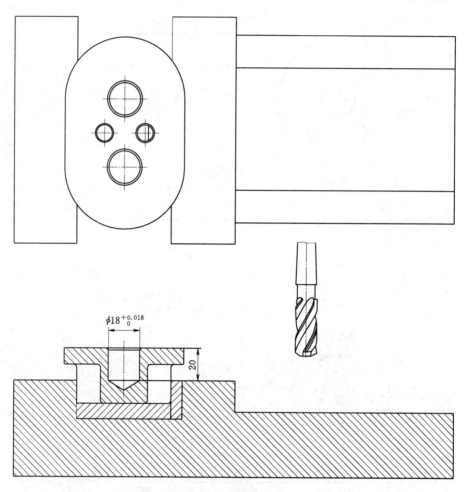

图 5.17 精铰孔工序

表 5.14 精铰孔工艺过程

工步号	工步名称	工艺装备	主轴转速 /(r·min⁻¹)	进给量 /(mm·min⁻¹)	背吃刀量 /mm	进给次数	单件工时 /min
1	精铰孔	数控铣床、平口钳、φ18 铰刀	80	30	0.05	1	4

序号	信　息　内　容
5.16	铣外轮廓

加工工序见图 5.18，工艺过程见表 5.15。

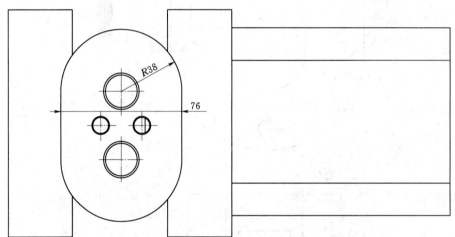

图 5.18　铣外轮廓工序

表 5.15　铣 外 轮 廓 工 艺 过 程

工步号	工步名称	工艺装备	主轴转速 /(r·min⁻¹)	进给量 /(mm·min⁻¹)	背吃刀量 /mm	进给次数	单件工时 /min
1	铣外轮廓	数控铣床、平口钳、ϕ16 硬质合金立铣刀	400	100	2	1	10

序号	信 息 内 容
5.17	钻孔

加工工序见图 5.19，工艺过程见表 5.16。

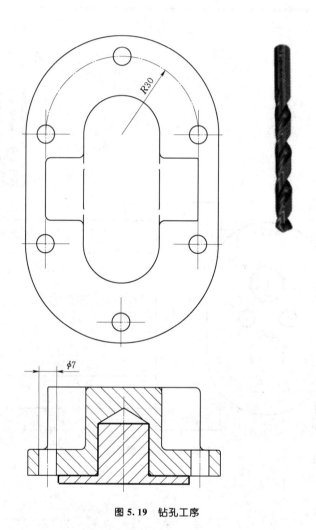

图 5.19　钻孔工序

表 5.16　钻 孔 工 艺 过 程

工步号	工步名称	工艺装备	主轴转速 /(r·min⁻¹)	进给量 /(mm·min⁻¹)	背吃刀量 /mm	进给次数	单件工时 /min
1	钻孔	数控铣床、平口钳、φ7 钻头	700	100	3.5	1	6

续表

序号	信 息 内 容
5.18	锪孔

加工工序见图5.20,工艺过程见表5.17。

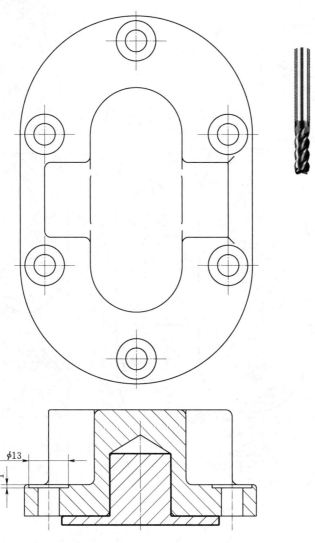

图5.20 锪孔工序

表5.17 锪 孔 工 艺 过 程

工步号	工步名称	工艺装备	主轴转速 /(r·min⁻¹)	进给量 /(mm·min⁻¹)	背吃刀量 /mm	进给次数	单件工时 /min
1	锪孔	数控铣床、平口钳、φ8合金立铣刀	1200	120	3	1	6

序号	信 息 内 容
5.19	钻孔

加工工序见图 5.21，工艺过程见表 5.18。

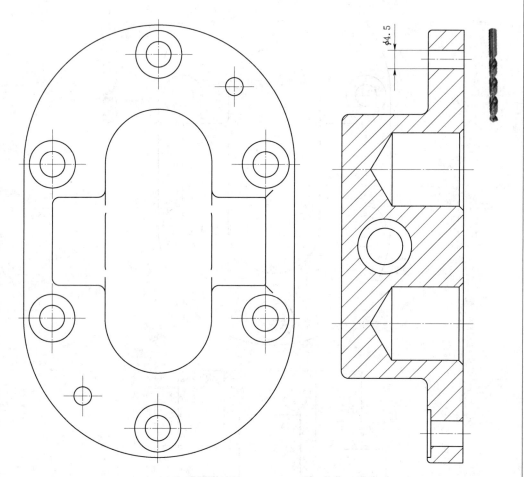

图 5.21　钻孔工序

表 5.18　钻 孔 工 艺 过 程

工步号	工步名称	工艺装备	主轴转速 /(r·min⁻¹)	进给量 /(mm·min⁻¹)	背吃刀量 /mm	进给次数	单件工时 /min
1	钻孔	数控铣床、平口钳、φ4.5钻头	1450	80	2.25	1	2

序号	信 息 内 容
5.20	粗铰孔

加工工序见图 5.22，工艺过程见表 5.19。

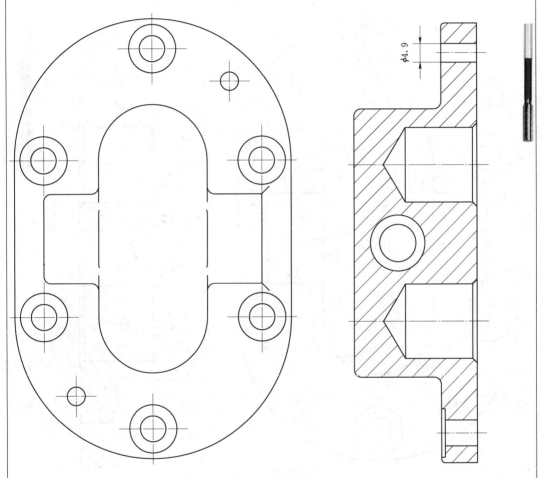

图 5.22 粗铰孔工序

表 5.19 粗铰孔工艺过程

工步号	工步名称	工艺装备	主轴转速 /(r·min⁻¹)	进给量 /(mm·min⁻¹)	背吃刀量 /mm	进给次数	单件工时 /min
1	粗铰孔	数控铣床、平口钳、ϕ4.9 铰刀	200	50	0.2	1	4

序号	信 息 内 容
5.21	精铰孔

加工工序见图 5.23，工艺过程见表 5.20。

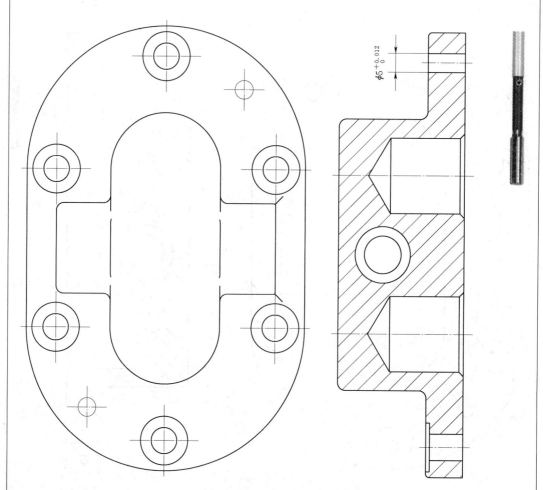

图 5.23 精铰孔工序

表 5.20 精铰孔工艺过程

工步号	工步名称	工艺装备	主轴转速 /(r·min⁻¹)	进给量 /(mm·min⁻¹)	背吃刀量 /mm	进给次数	单件工时 /min
1	精铰孔	数控铣床、平口钳、φ5 铰刀	200	50	0.05	1	4

计　划　单

学习情境 2	数控铣床加工工艺		
学习任务 5	齿轮泵端盖加工工艺	学时	10
计划方式	制订计划和工艺		
序号	实 施 步 骤		使用工具
制订计划说明			

计划评价	班级		第　　组	组长签字	
	教师签字			日期	
	评语：				

决　策　单

学习情境2	数控铣床加工工艺		
学习任务5	齿轮泵端盖加工工艺	学时	10

方案讨论						
方案 对比	组号	工艺可行性	工艺先进性	工装合理性	实施难度	综合评价
	1					
	2					
	3					
	4					
	5					
	6					

方案 评价	评语：

班级		组长签字		教师签字		月　日

材 料 工 具 单

学习情境2			数控铣床加工工艺			
学习任务5			齿轮泵端盖加工工艺		学时	10
项目	序号	名称	作用	数量	使用前	使用后
产品零件	1	齿轮泵端盖	固定泵体与外联	1		
	2	平口钳		1		
所用夹具						
所用刀具	1	面铣刀	铣平面	1		
	2	麻花钻	钻孔	2		
	3	扩孔钻	扩孔	2		
	4	立铣刀	铣内外轮廓	2		
	5	铰刀	铰孔	2		
	6	螺纹铣刀	铣螺纹	1		
班级		第 组	组长签字		教师签字	

实　施　单

学习情境 2	数控铣床加工工艺		
学习任务 5	齿轮泵端盖加工工艺	学时	10
实施方式	小组进行工艺研讨实施计划，决策后每人均填写此单		

序号	实 施 步 骤	实用工具

实施说明：

班级		第　　组	组长签字	
教师签字			日期	

作　业　单

学习情境 2	数控铣床加工工艺		
学习任务 5	齿轮泵端盖加工工艺	学时	10
作业方式	由小组进行工艺研讨后，个人独立完成		
作业名称	端盖零件加工工艺编制		

端盖零件图见图 5.24，实体图见图 5.25。

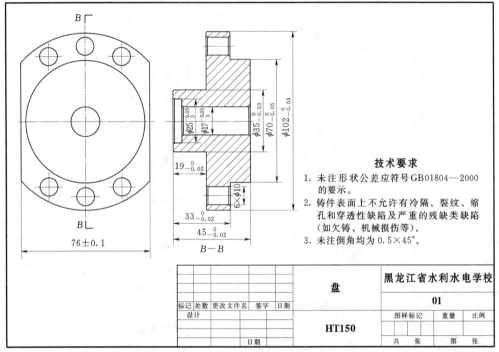

技术要求
1. 未注形状公差应符号 GB01804—2000 的要示。
2. 铸件表面上不允许有冷隔、裂纹、缩孔和穿透性缺陷及严重的残缺类缺陷（如欠铸、机械损伤等）。
3. 未注倒角均为 0.5×45°。

图 5.24　端盖零件图

图 5.25　实体图

续表

端盖零件加工工艺规程		
工序 1	加工简图：	工步：
		工艺装备：
		切削参数：
工序 2	加工简图：	工步：
		工艺装备：
		切削参数：
工序 3	加工简图：	工步：
		工艺装备：
		切削参数：
工序 4	加工简图：	工步：
		工艺装备：
		切削参数：
工序 5	加工简图：	工步：
		工艺装备：
		切削参数：
工序 6	加工简图：	工步：
		工艺装备：
		切削参数：

端盖零件加工工艺规程		
工序 7	加工简图：	工步：
		工艺装备：
		切削参数：
工序 8	加工简图：	工步：
		工艺装备：
		切削参数：
工序 9	加工简图：	工步：
		工艺装备：
		切削参数：
工序 10	加工简图：	工步：
		工艺装备：
		切削参数：
工序 11	加工简图：	工步：
		工艺装备：
		切削参数：
工序 12	加工简图：	工步：
		工艺装备：
		切削参数：

续表

端盖零件加工工艺规程		
工序 13	加工简图：	工步： 工艺装备： 切削参数：
工序 14	加工简图：	工步： 工艺装备： 切削参数：
工序 15	加工简图：	工步： 工艺装备： 切削参数：
工序 16	加工简图：	工步： 工艺装备： 切削参数：
工序 17	加工简图：	工步： 工艺装备： 切削参数：
工序 18	加工简图：	工步： 工艺装备： 切削参数：

作业评价	班级		第　　组	组长签字		
	学号		姓名			
	教师签字		教师评分		日期	
	评语：					

检 查 单

学习情境 2	数控铣床加工工艺		
学习任务 5	齿轮泵端盖加工工艺	学时	10
序号	检查项目	检查标准	学生自检	教师检查
1	加工工艺路线	工艺路线顺序正确		
2	加工方法	加工方法合理可行		
3	工艺基准	定位基准和工序基准选择正确		
4	工序图	工序图简明、表达清晰，图示正确		
5	工序尺寸	工序尺寸正确、合理		
6	工艺装备	刀具和夹具选择正确、合理、效率高		
7	切削参数	切削参数选择正确、合理		
8	阶梯轴工艺规程	加工简图正确、合理、确定工步、工艺装备和切削参数选择正确、合理		
9	工艺识读	熟练解读工艺规程（过程卡、工艺卡和工序卡）		

	班级		第　　组	组长签字	
	教师签字			日期	
检查评价	评语：				

评 价 单

学习情境2		数控铣床加工工艺			
学习任务5		齿轮泵端盖加工工艺		学时	10
评价类别	项目	子项目	个人评价	组内互评	教师评价
专业能力 （60%）	计划 （10%）	计划可执行度（7%）			
		工具使用安排（3%）			
	实施 （28%）	工作步骤执行性（8%）			
		工艺规程完整性（10%）			
		工艺装备合理性（10%）			
	检查 （4%）	全面性和准确性（3%）			
		异常情况排除（1%）			
	结果 （8%）	工艺识读准确性（8%）			
	作业 （10%）	完成质量（10%）			
社会能力 （20%）	团队协作 （10%）	对小组的贡献（5%）			
		小组合作状况（5%）			
	敬业精神 （10%）	吃苦耐劳精神（5%）			
		学习纪律性（5%）			
方法能力 （20%）	计划能力 （10%）	方案制订条理性（10%）			
	决策能力 （10%）	方案选择正确性（10%）			

	班级		姓名		学号		总评	
	教师签字		第 组	组长签字			日期	

评价评语

评语：

教 学 反 馈 单

学习情境 2	数控铣床加工工艺				
学习任务 5	齿轮泵端盖加工工艺		学时		10
调查项目	序号	调 查 内 容	是	否	陈述理由
	1	了解齿轮泵端盖工作原理吗？			
	2	明确齿轮泵端盖功用吗？			
	3	能够识读齿轮泵端盖加工工艺路线吗？			
	4	能够识读齿轮泵端盖加工工序图吗？			
	5	能够识读齿轮泵端盖加工工艺装备吗？			
	6	能够识读齿轮泵端盖加工工艺参数吗？			
	7	会制订简单端盖类零件加工工艺规程吗？			
	8	你对此学习情境的教学方式满意吗？			
	9	你对教师在本学习情境的教学满意吗？			
	10	你对小组完成本学习情境的配合满意吗？			

你的意见对改进教学非常重要，请写出你的意见和建议：

调查信息	被调查人签名		调查时间	

163

数控铣床加工工艺

任　务　单

学习情境 2	数控铣床加工工艺		
学习任务 6	叉架类零件加工工艺	学时	10
布　置　任　务			

学习目标	1. 学会叉架类零件的结构工艺性分析方法。 2. 学会叉架类零件毛坯种类、制造方法、形状与尺寸的选择原则。 3. 学会叉架类零件的定位方法及定位基准选择原则。 4. 学会制订叉架类零件加工工艺路线，选择加工方法及确定加工顺序。 5. 能读懂叉架的加工工艺规程。
任务描述	1. 分析叉架（见图 6.1 和图 6.2）结构工艺。 图 6.1　叉架实体（一） 2. 选择叉架的毛坯和确定定位基准。 3. 拟定叉架的加工路线。 4. 识读叉架加工工艺规程。 图 6.2　叉架实体（二）
对学生的 要求	1. 小组讨论叉架的工艺路线方案。 2. 小组完成叉架加工工艺识读工作任务。 3. 学会各种工装的合理使用。 4. 独立进行简单叉架的工艺规程的制订。 5. 参与工艺研讨，汇报叉架加工工艺，接受教师与学生的点评，同时参与评价小组自评与互评。 6. 积极参与小组任务讨论，严禁抄袭，遵守纪律。

学时安排	资讯 1 学时	计划 0.5 学时	决策 0.5 学时
	实施 7 学时	检查 0.5 学时	评价 0.5 学时

167

信　息　单

学习情境 2	数控铣床加工工艺		
学习任务 6	叉架类零件加工工艺	学时	10
序号	信 息 内 容		
6.1	叉架零件图及毛坯		

1. 叉架零件图（见图 6.3）

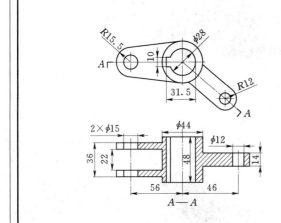

技术要求

1. 铸件表面应平整，浇口、毛刺、粘砂等应清除干净。
2. 铸件不允许存在有损于使用的冷隔、裂纹、孔洞等铸造缺陷。
3. 未注倒角均为 1×45°。

					叉架	黑龙江省水利水电学校
						01
标记	处数	更改文件名	签字	日期		图样标记　重量　比例
设计					**HT150**	
			日期			共　张　第　张

图 6.3　叉架零件

2. 毛坯

材料牌号——HT150；

毛坯种类——铸件（机械加工的特点是断屑良好但切屑呈崩碎状，不宜加冷却液）。

续表

序号	信　息　内　容
6.2	铣端面

加工工序见图 6.4，工艺过程见表 6.1。

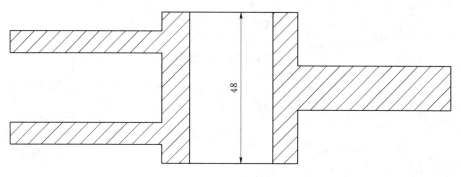

图 6.4　铣端面工序

表 6.1　铣 端 面 工 艺 过 程

工步号	工步名称	工艺装备	主轴转速 /(r·min⁻¹)	进给量 /(mm·min⁻¹)	背吃刀量 /mm	进给次数	单件工时 /min
1	铣端面	普通铣床、面铣刀	400	100	1	2	2

序号	信 息 内 容
6.3	粗加工孔

加工工序见图 6.5，工艺过程见表 6.2。

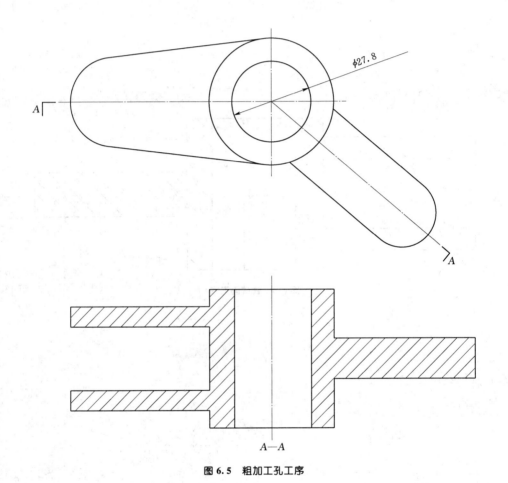

图 6.5 粗加工孔工序

表 6.2 粗加工孔工艺过程

工步号	工步名称	工艺装备	主轴转速 /(r·min⁻¹)	进给量 /(mm·min⁻¹)	背吃刀量 /mm	进给次数	单件工时 /min
1	粗加工孔	数控铣床、φ20 高速钢棒铣刀	300	50	3	1	10

序号	信 息 内 容
6.4	铰孔

加工工序见图 6.6，工艺过程见表 6.3。

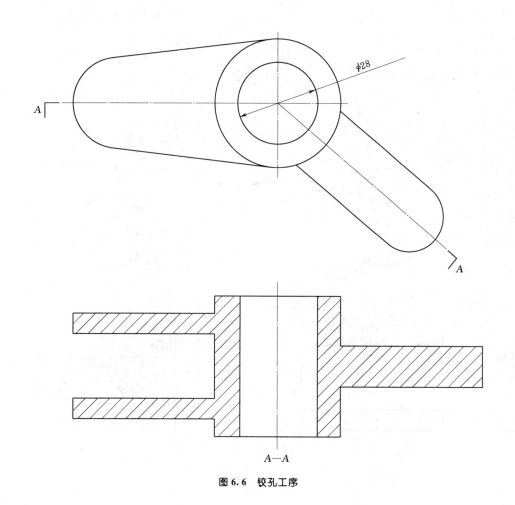

图 6.6 铰孔工序

表 6.3 铰 孔 工 艺 过 程

工步号	工步名称	工艺装备	主轴转速 /(r·min^{-1})	进给量 /(mm·min^{-1})	背吃刀量 /mm	进给次数	单件工时 /min
1	铰孔	数控铣床、高速钢铰刀	150	50	0.1	1	5

序号	信 息 内 容
6.5	钻孔

加工工序见图 6.7，工艺过程见表 6.4。

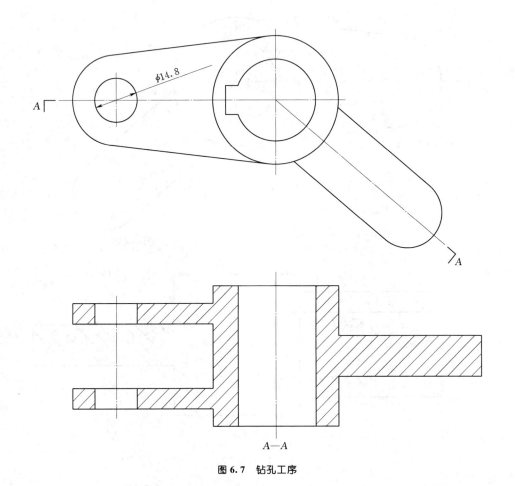

图 6.7　钻孔工序

表 6.4　钻 孔 工 艺 过 程

工步号	工步名称	工艺装备	主轴转速 /(r·min⁻¹)	进给量 /(mm·min⁻¹)	背吃刀量 /mm	进给次数	单件工时 /min
1	钻孔	数控铣床、φ14.8 麻花钻	800	80	7.4	2	1

序号	信　息　内　容
6.6	钻孔

加工工序见图 6.8，工艺过程见表 6.5。

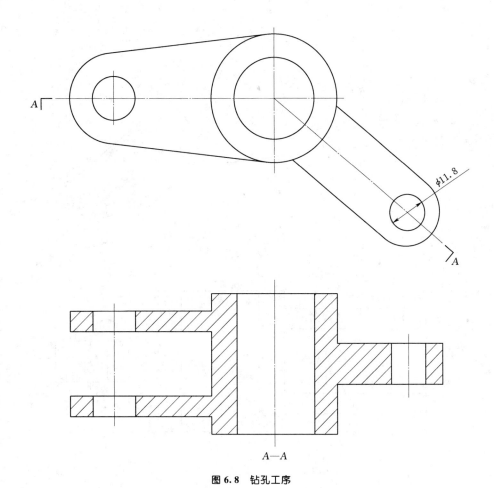

图 6.8　钻孔工序

表 6.5　钻　孔　工　艺　过　程

工步号	工步名称	工艺装备	主轴转速 /(r·min⁻¹)	进给量 /(mm·min⁻¹)	背吃刀量 /mm	进给次数	单件工时 /min
1	钻孔	数控铣床、 ϕ11.8 麻花钻	800	80	5.9	2	1

序号	信　息　内　容
6.7	铰孔

加工工序见图 6.9，工艺过程见表 6.6。

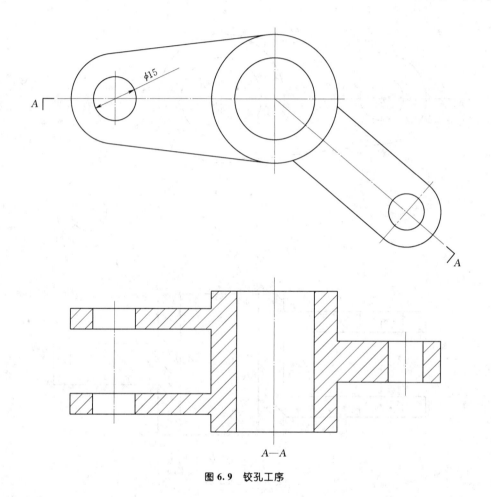

图 6.9　铰孔工序

表 6.6　铰 孔 工 艺 过 程

工步号	工步名称	工艺装备	主轴转速 /(r·min⁻¹)	进给量 /(mm·min⁻¹)	背吃刀量 /mm	进给次数	单件工时 /min
1	铰孔	数控铣床、 φ15H7 铰刀	150	80	0.1	1	1

序号	信 息 内 容
6.8	铰孔

加工工序见图 6.10，工艺过程见表 6.7。

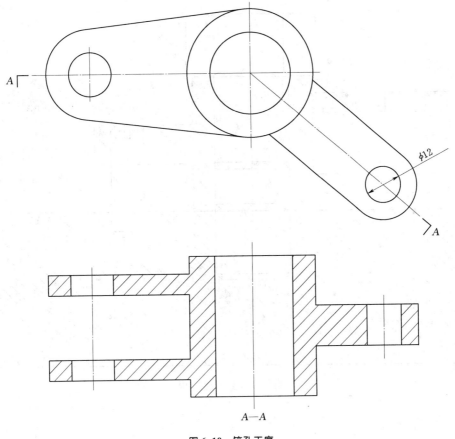

图 6.10　铰孔工序

表 6.7　铰 孔 工 艺 过 程

工步号	工步名称	工艺装备	主轴转速 /(r·min⁻¹)	进给量 /(mm·min⁻¹)	背吃刀量 /mm	进给次数	单件工时 /min
1	铰孔	数控铣床、ϕ12H7 铰刀	150	60	0.1	1	1

序号	信 息 内 容
6.9	铣上表面

加工工序见图 6.11，工艺过程见表 6.8。

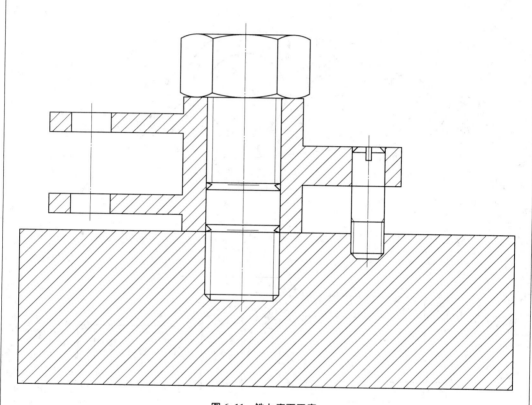

图 6.11　铣上表面工序

表 6.8　铣上表面工艺过程

工步号	工步名称	工艺装备	主轴转速 /(r · min⁻¹)	进给量 /(mm · min⁻¹)	背吃刀量 /mm	进给次数	单件工时 /min
1	铣上表面	数控铣床、 $\phi25$ 硬质合金	600	120	1	3	10

序号	信　息　内　容
6.10	铣下表面

加工工序见图 6.12，工艺过程见表 6.9。

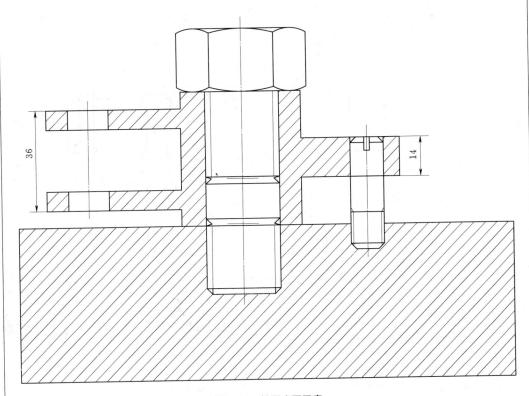

图 6.12　铣下表面工序

表 6.9　铣下表面工艺过程

工步号	工步名称	工艺装备	主轴转速 /(r·min⁻¹)	进给量 /(mm·min⁻¹)	背吃刀量 /mm	进给次数	单件工时 /min
1	铣下表面	数控铣床、φ25 硬质合金	600	120	1	3	10

序号	信 息 内 容
6.11	铣豁口

加工工序见图 6.13，工艺过程见表 6.10。

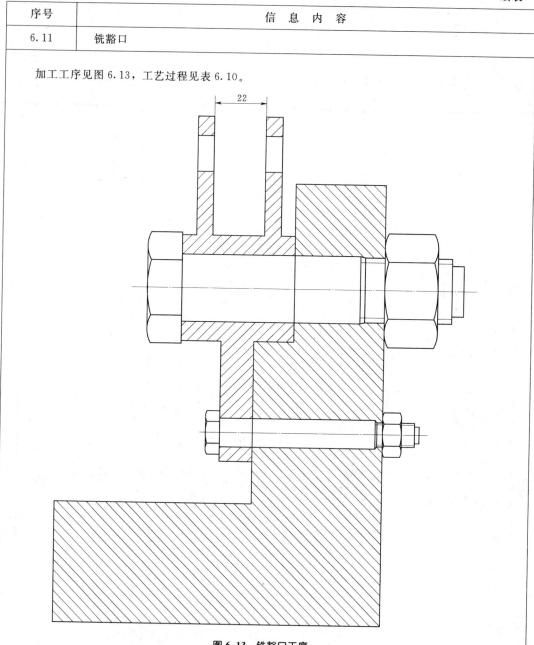

图 6.13 铣豁口工序

表 6.10 铣豁口工艺过程

工步号	工步名称	工艺装备	主轴转速 /(r·min⁻¹)	进给量 /(mm·min⁻¹)	背吃刀量 /mm	进给次数	单件工时 /min
1	铣豁口	数控铣床、φ16 高速钢铣刀	350	80	2	1	2

序号	信　息　内　容
6.12	**插键槽**

加工工序见图 6.14，工艺过程见表 6.11。

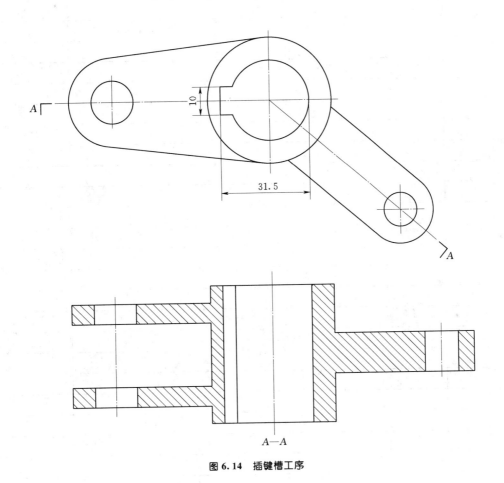

图 6.14　插键槽工序

表 6.11　插 键 槽 工 艺 过 程

工步号	工步名称	工艺装备	主轴转速 /(r·min⁻¹)	进给量 /(mm·min⁻¹)	背吃刀量 /mm	进给次数	单件工时 /min
1	插键槽	普通插床		40	0.5	7	15

计　划　单

学习情境 2	数控铣床加工工艺		
学习任务 6	叉架类零件加工工艺	学时	10
计划方式	团队制订计划和工艺		
序号	实　施　步　骤		使用工具
制订计划说明			
班级		第　　组	组长签字	
教师签字		日期	
计划评价	评语：		

决 策 单

学习情境2	数控铣床加工工艺				
学习任务6	叉架类零件加工工艺		学时		10
方案讨论					

	组号	工艺可行性	工艺先进性	工装合理性	实施难度	综合评价
方案 对比	1					
	2					
	3					
	4					
	5					
	6					

	评语：
方案 评价	

班级		组长签字		教师签字		月　　　日

材 料 工 具 单

学习情境 2			数控铣床加工工艺				
学习任务 6			叉架类零件加工工艺			学时	10
项目	序号	名称	作用	数量	使用前	使用后
产品零件	1	叉架零件	支撑、传动、连接	1		
所用夹具	1	压板夹具	铣床通用夹具	3		
	2	专用夹具	铣床专用夹具	2		
所用刀具	1	面铣刀	铣削平面	1		
	2	立铣刀	内外轮廓铣削	1		
	3	铰刀	铰孔	3		
	4	麻花钻	钻孔	1		
	5	插刀	插键槽	1		

班级		第 组	组长签字		教师签字	

实　施　单

学习情境 2	数控铣床加工工艺		
学习任务 6	叉架类零件加工工艺	学时	10
实施方式	小组进行工艺研讨实施计划，决策后每人均填写此单		

序号	实　施　步　骤	实用工具

实施说明：

班级		第　　组	组长签字	
教师签字			日期	

作 业 单

学习情境2	数控铣床加工工艺		
学习任务6	叉架类零件加工工艺	学时	10
作业方式	由小组进行工艺研讨后，个人独立完成		
作业名称	叉架类零件加工工艺编制		

叉架零件图见图 6.15，实物图见图 6.16。

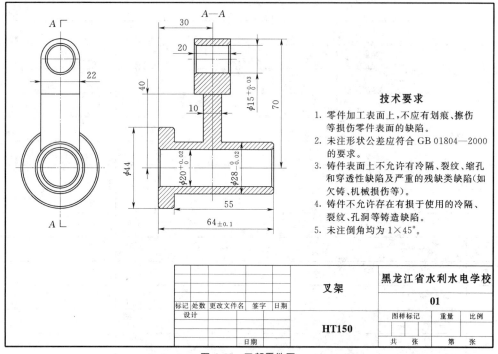

图 6.15 叉架零件图

图 6.16 实物图

续表

叉架零件加工工艺规程		
工序 1	加工简图：	工步：
		工艺装备：
		切削参数：
工序 2	加工简图：	工步：
		工艺装备：
		切削参数：
工序 3	加工简图：	工步：
		工艺装备：
		切削参数：
工序 4	加工简图：	工步：
		工艺装备：
		切削参数：
工序 5	加工简图：	工步：
		工艺装备：
		切削参数：
工序 6	加工简图：	工步：
		工艺装备：
		切削参数：

叉架零件加工工艺规程		
工序 7	加工简图：	工步：
		工艺装备：
		切削参数：
工序 8	加工简图：	工步：
		工艺装备：
		切削参数：
工序 9	加工简图：	工步：
		工艺装备：
		切削参数：
工序 10	加工简图：	工步：
		工艺装备：
		切削参数：
工序 11	加工简图：	工步：
		工艺装备：
		切削参数：
工序 12	加工简图：	工步：
		工艺装备：
		切削参数：

叉架零件加工工艺规程		
工序 13	加工简图：	工步： 工艺装备： 切削参数：
工序 14	加工简图：	工步： 工艺装备： 切削参数：
工序 15	加工简图：	工步： 工艺装备： 切削参数：
工序 16	加工简图：	工步： 工艺装备： 切削参数：
工序 17	加工简图：	工步： 工艺装备： 切削参数：
工序 18	加工简图：	工步： 工艺装备： 切削参数：
作业评价	班级 ＿＿＿　第　组　组长签字 ＿＿＿ 学号 ＿＿＿　姓名 ＿＿＿ 教师签字 ＿＿＿　教师评分 ＿＿＿　日期 ＿＿＿ 评语：	

检 查 单

学习情境2		数控铣床加工工艺		
学习任务6		叉架类零件加工工艺	学时	10
序号	检查项目	检查标准	学生自检	教师检查
1	加工工艺路线	工艺路线顺序正确		
2	加工方法	加工方法合理可行		
3	工艺基准	定位基准和工序基准选择正确		
4	工序图	工序图简明、表达清晰，图示正确		
5	工序尺寸	工序尺寸正确、合理		
6	工艺装备	刀具和夹具选择正确、合理、效率高		
7	切削参数	切削参数选择正确、合理		
8	阶梯轴工艺规程	加工简图正确、合理、确定工步、工艺装备和切削参数选择正确、合理		
9	工艺识读	熟练解读工艺规程（过程卡、工艺卡和工序卡）		

检查评价	班级		第 组	组长签字	
	教师签字			日期	
	评语：				

评　价　单

学习情境 2		数控铣床加工工艺				
学习任务 6		叉架类零件加工工艺		学时		10
评价类别	项目	子项目	个人评价	组内互评	教师评价	
专业能力（60%）	计划（10%）	计划可执行度（7%）				
		工具使用安排（3%）				
	实施（28%）	工作步骤执行性（8%）				
		工艺规程完整性（10%）				
		工艺装备合理性（10%）				
	检查（4%）	全面性和准确性（3%）				
		异常情况排除（1%）				
	结果（8%）	工艺识读准确性（8%）				
	作业（10%）	完成质量（10%）				
社会能力（20%）	团队协作（10%）	对小组的贡献（5%）				
		小组合作状况（5%）				
	敬业精神（10%）	吃苦耐劳精神（5%）				
		学习纪律性（5%）				
方法能力（20%）	计划能力（10%）	方案制订条理性（10%）				
	决策能力（10%）	方案选择正确性（10%）				
评价评语	班级		姓名		学号	总评	
	教师签字		第　　组	组长签字		日期	
	评语：						

教 学 反 馈 单

学习情境2		数控铣床加工工艺			
学习任务6		叉架类零件加工工艺	学时		10
调查项目	序号	调 查 内 容	是	否	陈述理由
	1	了解叉架类零件工作原理吗？			
	2	明确叉架类零件功用吗？			
	3	能够识读叉架类零件加工工艺路线吗？			
	4	能够识读叉架类零件加工工序图吗？			
	5	能够识读叉架类零件加工工艺装备吗？			
	6	能够识读叉架类零件加工工艺参数吗？			
	7	会制订简单叉架类零件加工工艺规程吗？			
	8	你对此学习情境的教学方式满意吗？			
	9	你对教师在本学习情境的教学满意吗？			
	10	你对小组完成本学习情境的配合满意吗？			

你的意见对改进教学非常重要，请写出你的意见和建议：

调查信息	被调查人签名		调查时间	

数控加工中心加工工艺

● 学习任务 7　箱体类零件加工工艺

任　务　单

学习情境 3	数控加工中心加工工艺		
学习任务 7	箱体类零件加工工艺	学时	12
布　置　任　务			
学习目标	1. 学会箱体类零件的结构工艺性分析方法。 2. 学会箱体类零件毛坯种类、制造方法、形状与尺寸的选择原则。 3. 学会箱体类零件的定位方法及定位基准选择原则。 4. 学会制订箱体类零件加工工艺路线，选择加工方法及确定加工顺序。 5. 能读懂箱体的加工工艺规程。		
任务描述	1. 分析箱体（见图 7.1）结构工艺。 **图 7.1　箱体实体** 2. 选择箱体的毛坯和确定定位基准。 3. 拟定箱体的加工路线。 4. 识读箱体加工工艺规程。		
对学生的 要求	1. 小组讨论箱体的工艺路线方案。 2. 小组完成箱体加工工艺识读工作任务。 3. 学会各种工装的合理使用。 4. 独立进行简单箱体的工艺规程的制订。 5. 参与工艺研讨，汇报箱体加工工艺，接受教师与学生的点评，同时参与评价小组自评与互评。 6. 积极参与小组任务讨论，严禁抄袭，遵守纪律。		
学时安排	资讯 1 学时	计划 0.5 学时	决策 0.5 学时
	实施 9 学时	检查 0.5 学时	评价 0.5 学时

信　息　单

学习情境 3	数控加工中心加工工艺		
学习任务 7	箱体类零件加工工艺	学时	12
序号	信　息　内　容		
7.1	齿轮泵箱体零件图及毛坯		

1. 齿轮泵箱体零件图（见图 7.2）

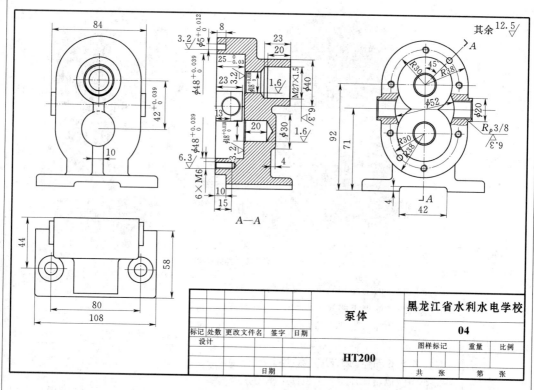

图 7.2　齿轮泵箱体零件图

2. 毛坯

材料牌号——HT150；

毛坯种类——铸件（机械加工的特点是断屑良好但切屑呈崩碎状，不宜加冷却液）。

序号	信　息　内　容
7.2	加工底平面

加工工序见图 7.3，工艺过程见表 7.1。

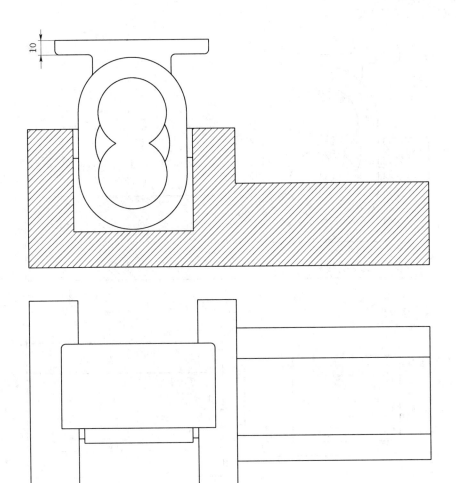

图 7.3　加工底平面工序

表 7.1　加工底平面工艺过程

工步号	工步名称	工艺装备	主轴转速 /(r·min⁻¹)	进给量 /(mm·min⁻¹)	背吃刀量 /mm	进给次数	单件工时 /min
1	加工底平面	数控铣床、面铣刀	450	120	2	2	4

序号	信 息 内 容
7.3	铣槽

加工工序见图 7.4，工艺过程见表 7.2。

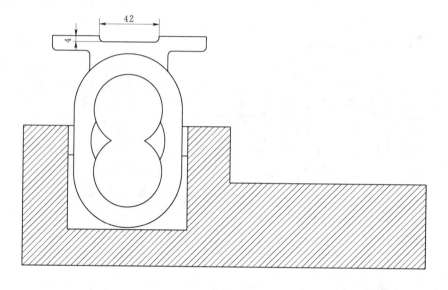

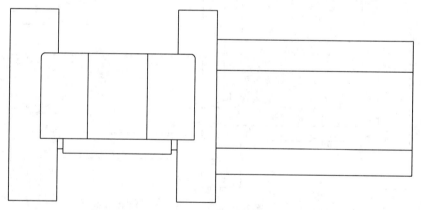

图 7.4　铣槽工序

表 7.2　铣 槽 工 艺 过 程

工步号	工步名称	工艺装备	主轴转速 /(r·min⁻¹)	进给量 /(mm·min⁻¹)	背吃刀量 /mm	进给次数	单件工时 /min
1	铣槽	数控铣床、 φ25R4 铣刀	800	120	0.5	8	10

序号	信 息 内 容
7.4	铣外轮廓

加工工序见图 7.5，工艺过程见表 7.3。

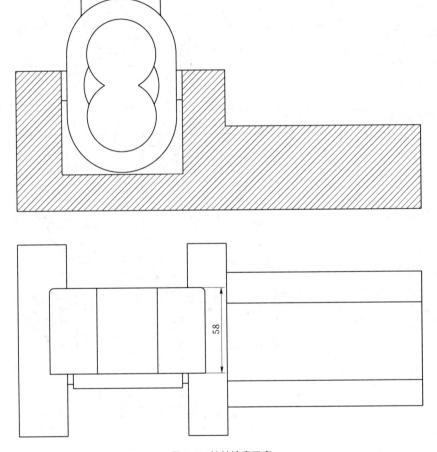

图 7.5　铣外轮廓工序

表 7.3　铣外轮廓工艺过程

工步号	工步名称	工艺装备	主轴转速 /(r·min⁻¹)	进给量 /(mm·min⁻¹)	背吃刀量 /mm	进给次数	单件工时 /min
1	铣外轮廓	数控铣床、 φ10 立铣刀	1000	150	1	2	5

序号	信　息　内　容
7.5	钻孔

加工工序见图 7.6，工艺过程见表 7.4。

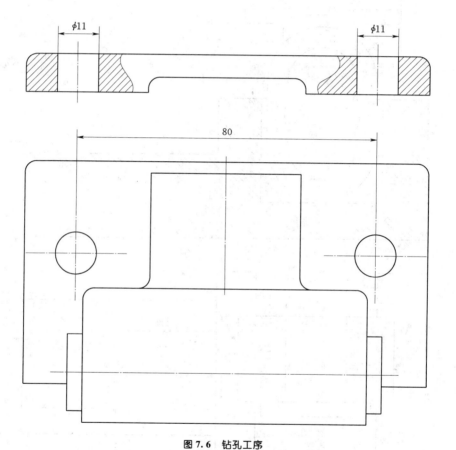

$\phi 11$　　　　　　　　　　　　　$\phi 11$

80

图 7.6　钻孔工序

表 7.4　钻　孔　工　艺　过　程

工步号	工步名称	工艺装备	主轴转速 /(r·min^{-1})	进给量 /(mm·min^{-1})	背吃刀量 /mm	进给次数	单件工时 /min
1	钻孔	数控铣床、$\phi 11$ 钻头	600	40	5.5	1	2

序号	信 息 内 容
7.6	锪孔

加工工序见图 7.7，工艺过程见表 7.5。

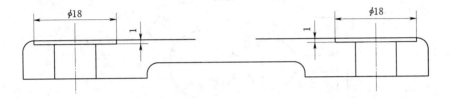

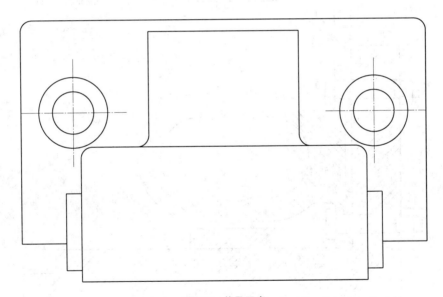

图 7.7　锪孔工序

表 7.5　锪 孔 工 艺 过 程

工步号	工步名称	工艺装备	主轴转速 /(r·min⁻¹)	进给量 /(mm·min⁻¹)	背吃刀量 /mm	进给次数	单件工时 /min
1	锪孔	数控铣床、φ12 硬质合金立铣刀	800	120	1	1	4

序号	信　息　内　容
7.7	钻螺纹底孔

加工工序见图 7.8，工艺过程见表 7.6。

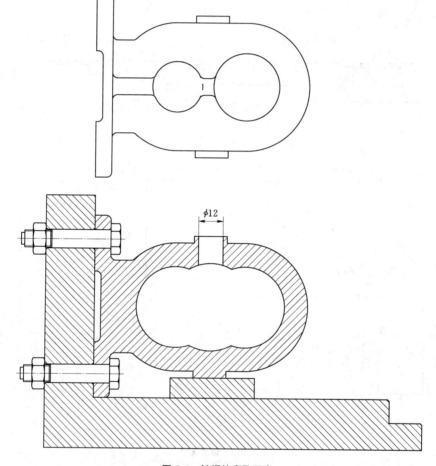

图 7.8　钻螺纹底孔工序

表 7.6　钻螺纹底孔工艺过程

工步号	工步名称	工艺装备	主轴转速 /(r·min⁻¹)	进给量 /(mm·min⁻¹)	背吃刀量 /mm	进给次数	单件工时 /min
1	钻螺纹底孔	数控铣床、φ12 高速钢麻花钻	800	60	6	1	1

序号	信 息 内 容
7.8	铣螺纹底孔

加工工序见图 7.9，工艺过程见表 7.7。

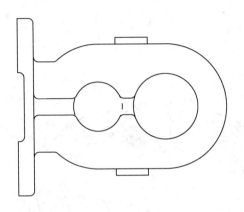

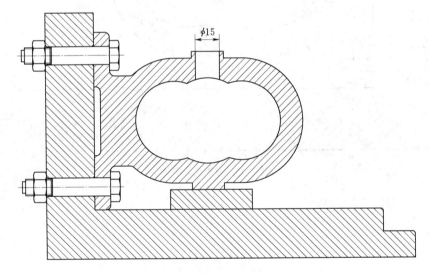

图 7.9　铣螺纹底孔工序

表 7.7　铣螺纹底孔工艺过程

工步号	工步名称	工艺装备	主轴转速 /(r·min⁻¹)	进给量 /(mm·min⁻¹)	背吃刀量 /mm	进给次数	单件工时 /min
1	铣螺纹底孔	数控铣床、φ8 硬质合金立铣刀	1000	120	0.5	6	10

201

序号	信 息 内 容
7.9	铣螺纹

加工工序见图 7.10，工艺过程见表 7.8。

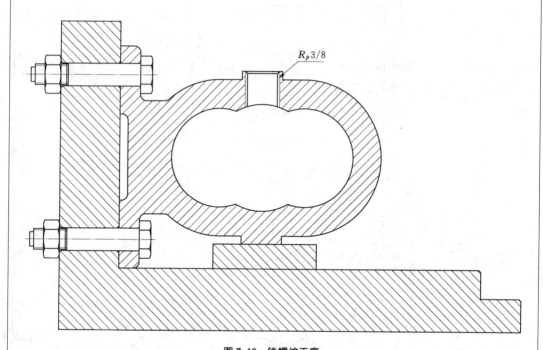

图 7.10　铣螺纹工序

表 7.8　铣 螺 纹 工 艺 过 程

工步号	工步名称	工艺装备	主轴转速 /(r·min⁻¹)	进给量 /(mm·min⁻¹)	背吃刀量 /mm	进给次数	单件工时 /min
1	铣螺纹	数控铣床、螺纹铣刀	1000	50	0.5	5	5

续表

序号	信 息 内 容
7.10	钻螺纹底孔

加工工序见图 7.11，工艺过程见表 7.9。

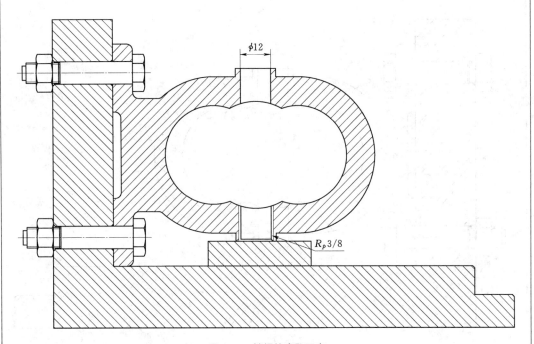

图 7.11 钻螺纹底孔工序

表 7.9 钻螺纹底孔工艺过程

工步号	工步名称	工艺装备	主轴转速 /(r·min⁻¹)	进给量 /(mm·min⁻¹)	背吃刀量 /mm	进给次数	单件工时 /min
1	钻螺纹底孔	数控铣床、ϕ12 高速钢麻花钻	800	60	6	1	1

序号	信 息 内 容
7.11	铣螺纹底孔

加工工序见图 7.12，工艺过程见表 7.10。

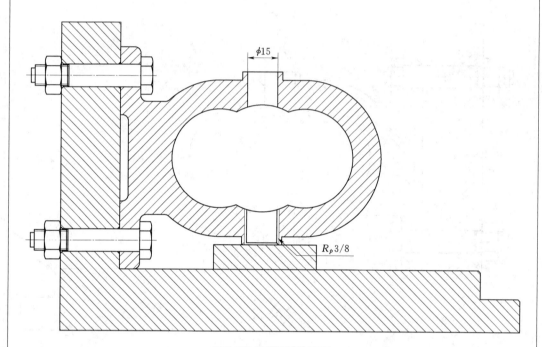

图 7.12　铣螺纹底孔工序

表 7.10　铣螺纹底孔工艺过程

工步号	工步名称	工艺装备	主轴转速 /(r·min⁻¹)	进给量 /(mm·min⁻¹)	背吃刀量 /mm	进给次数	单件工时 /min
1	铣螺纹底孔	数控铣床、$\phi 8$ 硬质合金立铣刀	1000	120	0.5	6	10

序号	信 息 内 容
7.12	铣螺纹

加工工序见图 7.13，工艺过程见表 7.11。

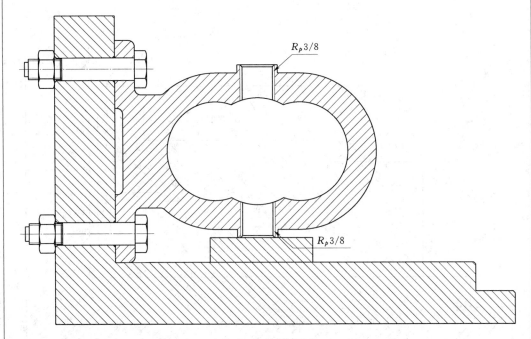

$R_p3/8$

$R_p3/8$

图 7.13　铣螺纹工序

表 7.11　铣 螺 纹 工 艺 过 程

工步号	工步名称	工艺装备	主轴转速 /(r·min⁻¹)	进给量 /(mm·min⁻¹)	背吃刀量 /mm	进给次数	单件工时 /min
1	铣螺纹	数控铣床、螺纹铣刀	1000	50	0.5	5	5

205

序号	信 息 内 容
7.13	铣上表面

加工工序见图 7.14，工艺过程见表 7.12。

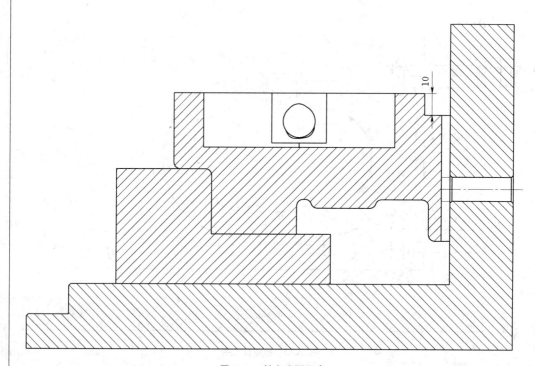

图 7.14 铣上表面工序

表 7.12 铣 上 表 面 工 艺 过 程

工步号	工步名称	工艺装备	主轴转速 /(r·min⁻¹)	进给量 /(mm·min⁻¹)	背吃刀量 /mm	进给次数	单件工时 /min
1	铣上表面	数控铣床、φ30 面铣刀	450	120	1	3	5

序号	信　息　内　容
7.14	钻孔

加工工序见图 7.15，工艺过程见表 7.13。

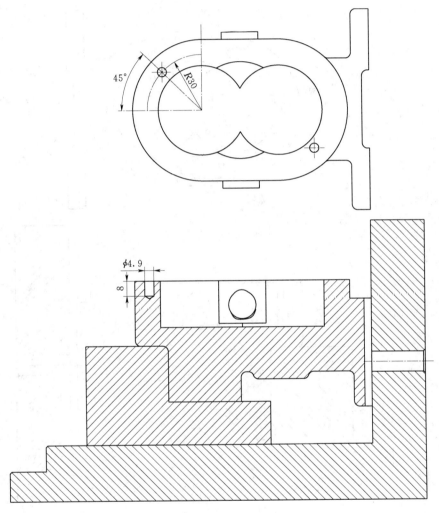

图 7.15　钻孔工序

表 7.13　钻　孔　工　艺　过　程

工步号	工步名称	工艺装备	主轴转速 /(r·min⁻¹)	进给量 /(mm·min⁻¹)	背吃刀量 /mm	进给次数	单件工时 /min
1	钻孔	数控铣床、 φ4.8钻头	1200	45	2.4	1	2

序号	信　息　内　容
7.15	钻 M6 螺纹底孔

加工工序见图 7.16，工艺过程见表 7.14。

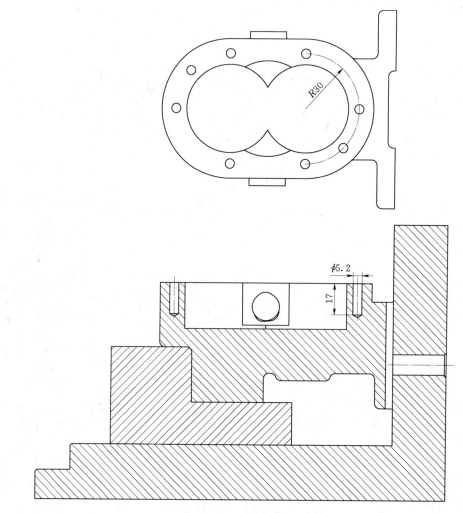

图 7.16　钻 M6 螺纹底孔工序

表 7.14　钻 M6 螺纹底孔工艺过程

工步号	工步名称	工艺装备	主轴转速 /(r·min⁻¹)	进给量 /(mm·min⁻¹)	背吃刀量 /mm	进给次数	单件工时 /min
1	钻 M6 螺纹底孔	数控铣床、φ5.2 钻头	1200	40	2.6	6	6

序号	信 息 内 容
7.16	铰孔

加工工序见图 7.17，工艺过程见表 7.15。

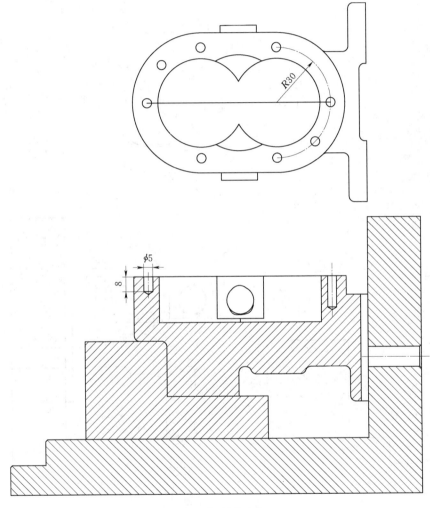

图 7.17 铰孔工序

表 7.15 铰 孔 工 艺 过 程

工步号	工步名称	工艺装备	主轴转速 /(r·min⁻¹)	进给量 /(mm·min⁻¹)	背吃刀量 /mm	进给次数	单件工时 /min
1	铰孔	数控铣床、φ5铰刀	200	50	0.1	1	1

209

序号	信 息 内 容
7.17	攻螺纹

　　加工工序见图 7.18，工艺过程见表 7.16。

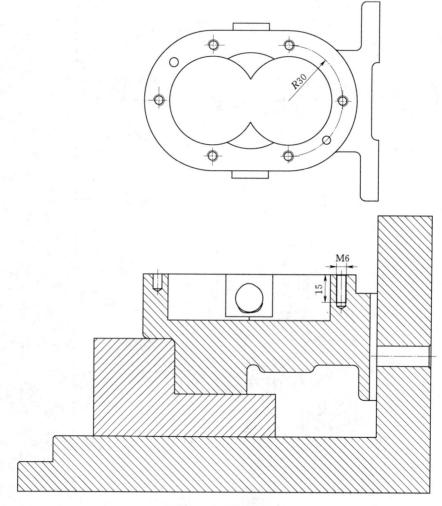

图 7.18　攻螺纹工序

表 7.16　攻螺纹工艺过程

工步号	工步名称	工艺装备	主轴转速 /(r · min⁻¹)	进给量 /(mm · min⁻¹)	背吃刀量 /mm	进给次数	单件工时 /min
1	攻螺纹	数控铣床、丝锥	100	100	0.37	1	2

序号	信　息　内　容
7.18	钻孔

加工工序见图 7.19，工艺过程见表 7.17。

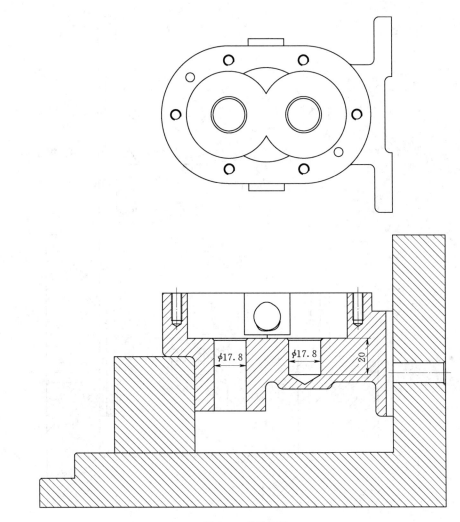

图 7.19　钻孔工序

表 7.17　钻 孔 工 艺 过 程

工步号	工步名称	工艺装备	主轴转速 /(r·min⁻¹)	进给量 /(mm·min⁻¹)	背吃刀量 /mm	进给次数	单件工时 /min
1	钻孔	数控铣床、ϕ17.8 钻头	350	120	8.9	2	2

序号	信 息 内 容
7.19	铰孔

加工工序见图 7.20，工艺过程见表 7.18。

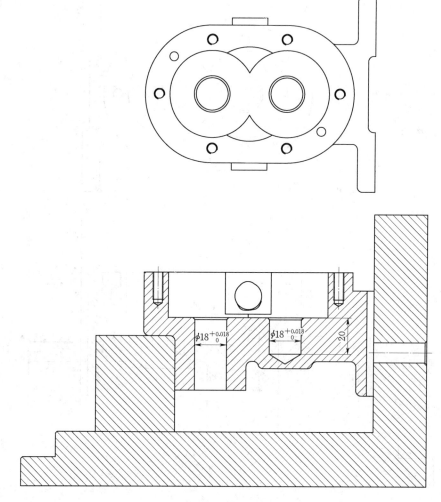

图 7.20　铰孔工序

表 7.18　铰 孔 工 艺 过 程

工步号	工步名称	工艺装备	主轴转速 /(r·min⁻¹)	进给量 /(mm·min⁻¹)	背吃刀量 /mm	进给次数	单件工时 /min
1	铰孔	数控铣床、$\phi 18$ 铰刀	200	60	0.1	2	4

续表

序号	信　息　内　容
7.20	铣内轮廓

加工工序见图 7.21，工艺过程见表 7.19。

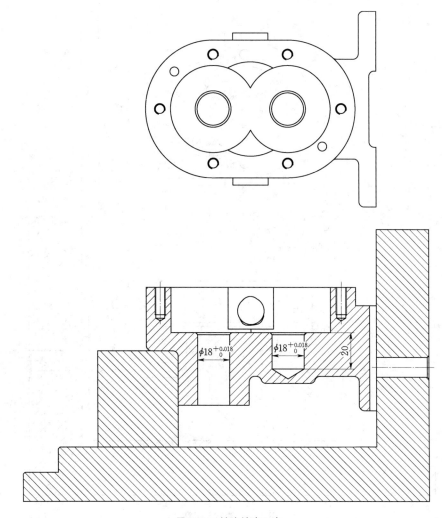

$\phi18^{+0.018}_{0}$　$\phi18^{+0.018}_{0}$　20

图 7.21　铣内轮廓工序

表 7.19　铣内轮廓工艺过程

工步号	工步名称	工艺装备	主轴转速 /(r·min⁻¹)	进给量 /(mm·min⁻¹)	背吃刀量 /mm	进给次数	单件工时 /min
1	铣内轮廓	数控铣床、$\phi20$ 硬质合金立铣刀	450	100	1	2	10

序号	信　息　内　容
7.21	粗镗孔

加工工序见图 7.22，工艺过程见表 7.20。

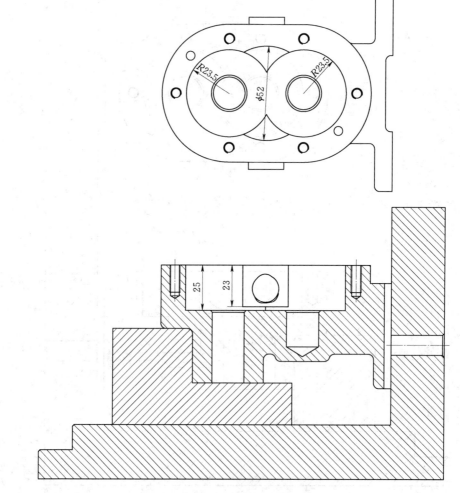

图 7.22　粗镗孔工序

表 7.20　粗 镗 孔 工 艺 过 程

工步号	工步名称	工艺装备	主轴转速 /(r·min⁻¹)	进给量 /(mm·min⁻¹)	背吃刀量 /mm	进给次数	单件工时 /min
1	粗镗孔	数控铣床、φ48 微调粗镗刀	300	30	0.1	2	2

序号	信　息　内　容
7.22	精镗孔

加工工序见图 7.23，工艺过程见表 7.21。

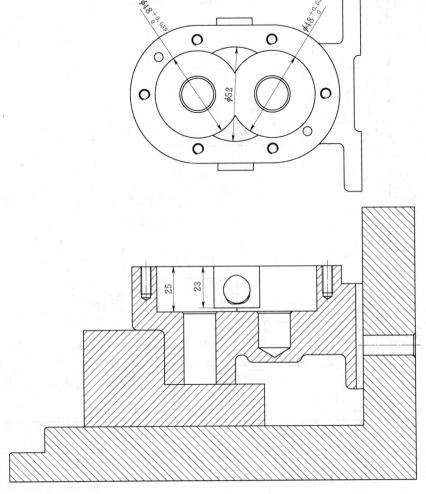

图 7.23　精镗孔工序

表 7.21　精镗孔工艺过程

工步号	工步名称	工艺装备	主轴转速 /(r·min⁻¹)	进给量 /(mm·min⁻¹)	背吃刀量 /mm	进给次数	单件工时 /min
1	精镗孔	数控铣床、φ48 微调精镗刀	500	60	0.1	2	2

序号	信 息 内 容
7.23	平端面

加工工序见图 7.24，工艺过程见表 7.22。

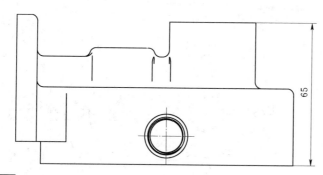

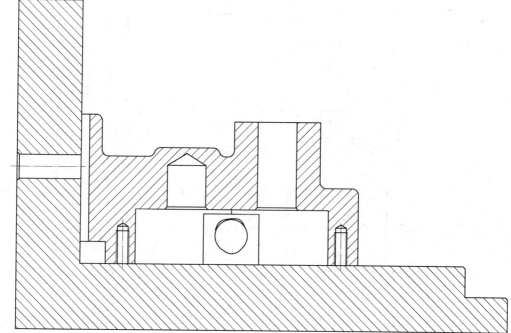

图 7.24 平端面工序

表 7.22 平端面工艺过程

工步号	工步名称	工艺装备	主轴转速 /(r·min⁻¹)	进给量 /(mm·min⁻¹)	背吃刀量 /mm	进给次数	单件工时 /min
1	平端面	数控铣床、φ30 面铣刀	450	120	1	2	2

续表

序号	信　息　内　容
7.24	铣螺纹底孔

加工工序见图 7.25，工艺过程见表 7.23。

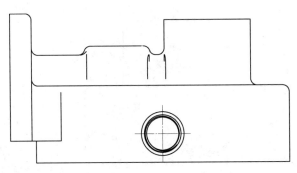

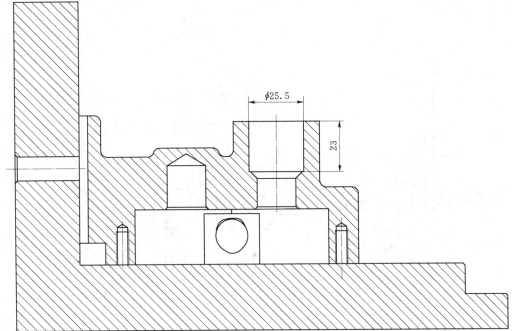

图 7.25　铣螺纹底孔工序

表 7.23　铣螺纹底孔工艺过程

工步号	工步名称	工艺装备	主轴转速 /(r·min⁻¹)	进给量 /(mm·min⁻¹)	背吃刀量 /mm	进给次数	单件工时 /min
1	铣螺纹底孔	数控铣床、ϕ12 立铣刀	800	120	1	4	5

217

序号	信　息　内　容
7.25	铣螺纹

加工工序见图 7.26，工艺过程见表 7.24。

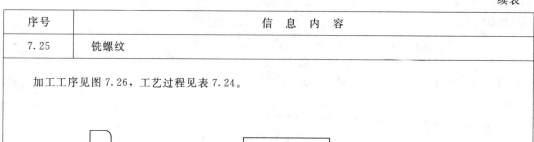

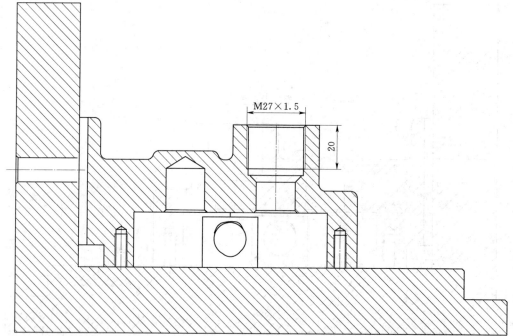

图 7.26　铣螺纹工序

表 7.24　铣螺纹工艺过程

工步号	工步名称	工艺装备	主轴转速 /(r·min^{-1})	进给量 /(mm·min^{-1})	背吃刀量 /mm	进给次数	单件工时 /min
1	铣螺纹	数控铣床	1000	100	0.1	15	15

计　划　单

学习情境 3	数控加工中心加工工艺		
学习任务 7	箱体类零件加工工艺	学时	12
计划方式	团队制订计划和工艺		
序号	实　施　步　骤		使用工具
制订计划说明			

计划评价	班级		第　　　组	组长签字	
	教师签字			日期	
	评语：				

决　策　单

学习情境3	数控加工中心加工工艺		
学习任务7	箱体类零件加工工艺	学时	12
	方案讨论		

	组号	工艺可行性	工艺先进性	工装合理性	实施难度	综合评价
方案 对比	1					
	2					
	3					
	4					
	5					
	6					

方案 评价	评语：

班级		组长签字		教师签字		月　日

材　料　工　具　单

学习情境3		数控加工中心加工工艺				
学习任务7		箱体类零件加工工艺			学时	12
项目	序号	名称	作用	数量	使用前	使用后
产品零件	1	箱体	固定、支撑	1		
所用夹具	1	平口钳	铣床通用夹具	1		
	2	压板夹具	铣床通用夹具	3		
	3	专用夹具	铣床专用夹具	2		
所用刀具	1	面铣刀	铣削平面	1		
	2	牛鼻刀	铣平面	1		
	3	立铣刀	铣削内外轮廓	1		
	4	麻花钻	钻孔	3		
	5	丝锥	攻丝	1		
	6	粗镗刀	粗镗孔	1		
	7	精镗刀	精镗空	1		
	8	螺纹铣刀	铣螺纹	1		
班级		第　　组	组长签字		教师签字	

实 施 单

学习情境 3	数控加工中心加工工艺		
学习任务 7	箱体类零件加工工艺	学时	12
实施方式	小组进行工艺研讨实施计划，决策后每人均填写此单		
序号	实 施 步 骤		实用工具

实施说明：

班级		第 组	组长签字	
教师签字			日期	

作　业　单

学习情境 3	数控加工中心加工工艺		
学习任务 7	箱体类零件加工工艺	学时	10
作业方式	由小组进行工艺研讨后，个人独立完成		
作业名称	箱体类零件加工工艺编制		

箱体零件图见图 7.27，实体见图 7.28。

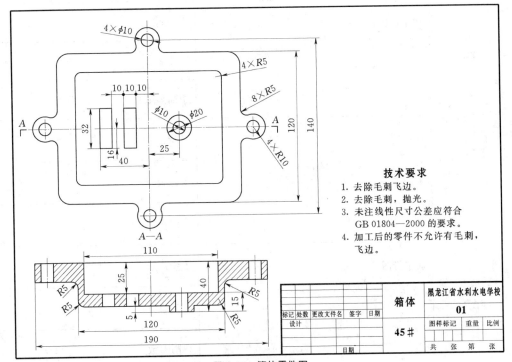

技术要求

1. 去除毛刺飞边。
2. 去除毛刺，抛光。
3. 未注线性尺寸公差应符合 GB 01804—2000 的要求。
4. 加工后的零件不允许有毛刺，飞边。

图 7.27　箱体零件图

图 7.28　实体图

箱体零件加工工艺规程		
工序 1	加工简图：	工步： 工艺装备： 切削参数：
工序 2	加工简图：	工步： 工艺装备： 切削参数：
工序 3	加工简图：	工步： 工艺装备： 切削参数：
工序 4	加工简图：	工步： 工艺装备： 切削参数：
工序 5	加工简图：	工步： 工艺装备： 切削参数：
工序 6	加工简图：	工步： 工艺装备： 切削参数：

箱体零件加工工艺规程		
工序 7	加工简图：	工步：
		工艺装备：
		切削参数：
工序 8	加工简图：	工步：
		工艺装备：
		切削参数：
工序 9	加工简图：	工步：
		工艺装备：
		切削参数：
工序 10	加工简图：	工步：
		工艺装备：
		切削参数：
工序 11	加工简图：	工步：
		工艺装备：
		切削参数：
工序 12	加工简图：	工步：
		工艺装备：
		切削参数：

<table>
<tr><td colspan="4" align="center">箱体零件加工工艺规程</td></tr>
<tr><td rowspan="3">工序 13</td><td rowspan="3">加工简图：</td><td colspan="2">工步：</td></tr>
<tr><td colspan="2">工艺装备：</td></tr>
<tr><td colspan="2">切削参数：</td></tr>
<tr><td rowspan="3">工序 14</td><td rowspan="3">加工简图：</td><td colspan="2">工步：</td></tr>
<tr><td colspan="2">工艺装备：</td></tr>
<tr><td colspan="2">切削参数：</td></tr>
<tr><td rowspan="3">工序 15</td><td rowspan="3">加工简图：</td><td colspan="2">工步：</td></tr>
<tr><td colspan="2">工艺装备：</td></tr>
<tr><td colspan="2">切削参数：</td></tr>
<tr><td rowspan="3">工序 16</td><td rowspan="3">加工简图：</td><td colspan="2">工步：</td></tr>
<tr><td colspan="2">工艺装备：</td></tr>
<tr><td colspan="2">切削参数：</td></tr>
<tr><td rowspan="3">工序 17</td><td rowspan="3">加工简图：</td><td colspan="2">工步：</td></tr>
<tr><td colspan="2">工艺装备：</td></tr>
<tr><td colspan="2">切削参数：</td></tr>
<tr><td rowspan="3">工序 18</td><td rowspan="3">加工简图：</td><td colspan="2">工步：</td></tr>
<tr><td colspan="2">工艺装备：</td></tr>
<tr><td colspan="2">切削参数：</td></tr>
<tr><td rowspan="7">作业评价</td><td>班级</td><td>第　组</td><td colspan="2">组长签字</td></tr>
<tr><td>学号</td><td>姓名</td><td colspan="2"></td></tr>
<tr><td>教师签字</td><td>教师评分</td><td>日期</td><td></td></tr>
<tr><td colspan="4">评语：</td></tr>
</table>

检 查 单

学习情境 3	数控加工中心加工工艺		
学习任务 7	箱体类零件加工工艺	学时	12
序号	检查项目	检查标准	学生自检	教师检查

序号	检查项目	检查标准	学生自检	教师检查
1	加工工艺路线	工艺路线顺序正确		
2	加工方法	加工方法合理可行		
3	工艺基准	定位基准和工序基准选择正确		
4	工序图	工序图简明、表达清晰，图示正确		
5	工序尺寸	工序尺寸正确、合理		
6	工艺装备	刀具和夹具选择正确、合理、效率高		
7	切削参数	切削参数选择正确、合理		
8	阶梯轴工艺规程	加工简图正确、合理、确定工步、工艺装备和切削参数选择正确、合理		
9	工艺识读	熟练解读工艺规程（过程卡、工艺卡和工序卡）		

	班级		第　　组	组长签字	
	教师签字			日期	
检查评价	评语：				

评 价 单

学习情境3	数控加工中心加工工艺				
学习任务7	箱体类零件加工工艺		学时		12
评价类别	项目	子项目	个人评价	组内互评	教师评价
专业能力（60%）	计划（10%）	计划可执行度（7%）			
		工具使用安排（3%）			
	实施（28%）	工作步骤执行性（8%）			
		工艺规程完整性（10%）			
		工艺装备合理性（10%）			
	检查（4%）	全面性和准确性（3%）			
		异常情况排除（1%）			
	结果（8%）	工艺识读准确性（8%）			
	作业（10%）	完成质量（10%）			
社会能力（20%）	团队协作（10%）	对小组的贡献（5%）			
		小组合作状况（5%）			
	敬业精神（10%）	吃苦耐劳精神（5%）			
		学习纪律性（5%）			
方法能力（20%）	计划能力（10%）	方案制订条理性（10%）			
	决策能力（10%）	方案选择正确性（10%）			

评价评语	班级		姓名		学号		总评	
	教师签字		第　　组	组长签字			日期	
	评语：							

教 学 反 馈 单

学习情境 3		数控加工中心加工工艺			
学习任务 1		箱体类零件加工工艺		学时	12
调查项目	序号	调查内容	是	否	陈述理由
	1	了解箱体类零件工作原理吗？			
	2	明确箱体类零件功用吗？			
	3	能够识读箱体类零件加工工艺路线吗？			
	4	能够识读箱体类零件加工工序图吗？			
	5	能够识读箱体类零件加工工艺装备吗？			
	6	能够识读箱体类零件加工工艺参数吗？			
	7	会制订简单箱体类零件加工工艺规程吗？			
	8	你对此学习情境的教学方式满意吗？			
	9	你对教师在本学习情境的教学满意吗？			
	10	你对小组完成本学习情境的配合满意吗？			

你的意见对改进教学非常重要，请写出你的意见和建议：

调查信息	被调查人签名		调查时间	

229